本书列入中国科学技术信息研究所学术著作出版计划

战略科技人才发展规律和最佳政策实践

郭铁成　张翼燕 等　著

科学技术文献出版社

SCIENTIFIC AND TECHNICAL DOCUMENTATION PRESS

·北京·

图书在版编目（CIP）数据

战略科技人才发展规律和最佳政策实践 / 郭铁成等著. —北京：科学技术文献出版社，2024.10
ISBN 978-7-5235-1405-4

Ⅰ.①战… Ⅱ.①郭… Ⅲ.①技术人才—人才培养—研究—中国 Ⅳ.① G316

中国国家版本馆 CIP 数据核字（2024）第 108922 号

战略科技人才发展规律和最佳政策实践

策划编辑：胡　群　责任编辑：孙江莉　责任校对：王瑞瑞　责任出版：张志平

出　版　者	科学技术文献出版社	
地　　　址	北京市复兴路15号　邮编　100038	
出　版　部	（010）58882952，58882087（传真）	
发　行　部	（010）58882868，58882870（传真）	
官 方 网 址	www.stdp.com.cn	
发　行　者	科学技术文献出版社发行　全国各地新华书店经销	
印　刷　者	北京时尚印佳彩色印刷有限公司	
版　　　次	2024 年 10 月第 1 版　2024 年 10 月第 1 次印刷	
开　　　本	710×1000　1/16	
字　　　数	158千	
印　　　张	13	
书　　　号	ISBN 978-7-5235-1405-4	
定　　　价	78.00元	

课题组

组　　　长：郭铁成

副　组　长：张翼燕

课题组成员：袁　珩　张丽娟　孙浩林　谷峻战　郑思聪

　　　　　　王晓菲　程如烟　贾　伟　刘润生

本书执笔人

第一章：袁　珩　郭铁成

第二章：张丽娟　郭铁成　袁　珩

第三章：孙浩林　张翼燕

第四章：谷峻战

第五章：张翼燕　王晓菲

第六章：郑思聪

第七章：袁　珩　郭铁成　张翼燕

建立以研究人员为核心的人才培养体系（序）

2022 年年初，科技部人才与科普司赵慧君副司长给我打电话，说为了落实 2021 年下半年召开的中央人才工作会议精神，要我主持"以人为核心的科研组织体系研究"项目。我感到这是一件很有意义的事，因为我们国家已经到了一个依靠智力要素、智权要素和数据要素增长的时代，完成第二个百年奋斗目标、实现中华民族伟大复兴，决定的因素还是人才。能为培养人才出点主意正中下怀，我就服从了慧君副司长的安排。

之后，我找到中国科学技术信息研究所（简称"中信所"）战略中心副主任张翼燕研究员，征求她的意见。她长期从事科技情报工作，近年来在科技人才研究领域取得不少成果。翼燕赞成我的看法，我就让她来组织科研力量。最后确定项目组的成员是：郭铁成、张翼燕、袁珩、张丽娟、孙浩林、谷峻战、郑思聪、王晓菲、程如烟、贾伟、刘润生等同志，郭铁成为组长，张翼燕为副组长。张翼燕、袁珩、张丽娟、孙浩林、谷峻战、郑思聪、王晓菲同志承担了分课题，每个分课题报告和总报告都经过多轮集体研讨，每位同志对项目成果都有程度不同的贡献。张翼燕不仅分担了分课题，还协助我总体设计，配合我修改审定了分报告和总报告，还负责科研的组织和管理工作。

项目完成后，党的二十大召开了。党中央进一步提出了人才引领的问题，要求"全面提高人才自主培养质量，着力造就拔尖创新人才，聚天下英才而用之"。为了响应党中央这一战略决策，我要求课题组不要解散，按党的二十大精神对尚未研究深、研究透的问题继续研究，于2023年上半年形成十几篇专题报告。这样，以"以人为核心的科研组织体系研究"项目成果为基础，再加上后面这十几篇报告，又经过补充、修改和重新编排，形成了本书。参加本书写作的同志有郭铁成、张翼燕、袁珩、张丽娟、孙浩林、谷峻战、郑思聪、王晓菲同志，他们分工执笔的章节已详细列出。全书由郭铁成、张翼燕统改定稿。在本书编辑出版过程中，科学技术文献出版社副社长丁坤善带领的编辑出版团队，表现了很高的专业水平，付出了辛勤的知识劳动，我们深表感谢。

本书中使用的战略科技人才、杰出科技人才两个概念，意思基本一致。战略科技人才概念是中国提出的，其他国家很少使用；国际上使用比较多的概念是杰出科技人才、卓越科技人才等。因此，我们在讲中国政策时，使用战略科技人才概念；而在讲国外政策时，则使用杰出科技人才概念。

在本书写作过程中，我们参考了相关学者的著作，受到不少启发。这些著作目录都列入了参考文献，附于书末。向这些学者致敬。考虑到我们的研究只是开了个头，以后还会有更多的学者进行研究，这个参考文献收录得比较宽，可以作为一个独立的研究论文索引使用。

2021年中央人才工作会议的主要精神是全方位培养、引进、用好人才，提高人才供给自主可控能力，走好人才自主培养之路。重点是培养战略科学家、卓越工程师、青年科技人才和一流科技创新团队。这是新时代人才强国战略的核心内容。自主培养人才与引进人才不同。引进人才是想办法吸纳别人已经培养出来的人才，重点是提供有竞争力的薪酬、待遇和科研项目；而培养人才则是把潜在人才培养成人才和杰出人才，重点是从人才发展规律和科研规律出发，改革阻碍人才发展的体制机制，制定促进人才发展的有效政策。因此，本书的第一个特点，就是对人才发展规律进行研究。这些规律有的涉及思维方式，有的涉及成长周期，有的涉及人才生态，有的涉及需求激励。

本书的第二个特点，就是对科技人才政策的最佳国际实践进行研究。中信所传统的科研优势是国际科技情报。这次也发挥了这一优势，搜集和研究了主要创新型国家的人才战略和人才政策。这些国家包括美国、德国、英国、法国、日本、韩国等，政策都是国际最新的，绝大部分也都行之有效。

本书的第三个特点，是提出了自主培养科技人才的政策建议。中信所是国际科技创新战略智库，在科技政策研究方面有很好的学术积累。这次在研究科技人才发展规律和国外政策的基础上，就我国的人才政策提出了一系列政策建议，不一定都适当，但都是过去没实行过的政策。每一章都有政策建议，最后又集中写一章，作为提要。

在跟踪模仿时期，科技人才政策多以科技项目为对象，先确定项目，然后再找人，对人才的培养也多由项目代行。而新时代要求以人为资助对象，先找人，以杰出人才提出的原创思想和原创技术为基础形成项目。这方面的政策研究国内还比较少，我们这次的研究也是初步，算是开个头。其中肯定存在不对、不妥、不足之处，欢迎批评指正。希望本书的出版能够抛砖引玉，经过大家的共同努力，在我国建立以研究人员为核心的人才培养体系。这是我们决定出版本书的初心，如能实现则幸甚。

郭铁成

2024 年 1 月 16 日

目 录
CONTENTS

第一章
战略科技人才发展规律

近年来，我国科技发展突飞猛进，重大科技成果竞相涌现："嫦娥""天问""羲和"向宇宙深处进发；人工智能、量子信息、干细胞等研究勇闯"无人区"；5G、高铁为人民生活带来更多便利。重大科技成果的持续产出迫切需要更多高水平科技人才。2022年美国发布的《国家安全报告》将中国定位为其"优先考虑的、唯一的全球竞争对手"，称未来十年是"美国与中国竞争的决定性十年"，美国欲在科技、经济、安全等方面同中国开展"全领域竞争"。应对上述内部和外部压力，培养高水平的战略科技人才是关键之道。

培养战略科技人才，重点是从人才发展规律和科研规律出发，改革阻碍人才发展的体制机制，制定促进人才发展的有效政策。本章通过文献梳理、案例收集、数据统计等方式，对战略科技人才在发展和科研方面表现出来的规律进行研究。这些规律分为三大类，分别为思维规律、成长周期规律和生态规律。

第一节　战略科技人才概念

战略科技人才是建设科技强国、实现中华民族伟大复兴的主导性力量。党的十八大以来，中国政策界、学术界逐渐提出战略科技人才概念，并写入党的十九大报告。在国际政策界、学术界，并没有战略科技人才这一术语，用得比较多的是"杰出人才""卓越人才"等概念。对于什么是战略科技人才，我国学术界有许多说法，有的用比喻法下定义，有的用列举法下定义，起到很好的宣传、引导作用。但要研究战略科技人才发展规律及其政策，则必须从一开始就采取种加属差的方法加以定义。本节重点研究战略科技人才的定义和识别。

一、战略科技人才定义

战略科技人才是指能够提出和解决全局性、根本性、前瞻性的科学问题，攻克经济社会发展和国家安全的重大科技难关，提出科学技术未来发展方向、发展思路和发展重点的科技人才。提出科学问题讲的是开创性，攻克科技难关讲的是突破性，提出科技发展战略讲的是引领性，因此也可以简单地说，战略科技人才是具有开创性、突破性和引领性的科技人才。

战略科技人才包含战略科学家和卓越工程师。提出科学问题、攻克科技难关、制定科技发展战略这三个条件，对战略科技人才来说是充要条件，缺一不可。由于战略科技人才所处的领域不同，这三个条件的比重是不同的，有的可能更偏重科学，是战略科学家；有的更偏重技术，是卓越工程师。应当看到，由于国家发展的阶段性、人才发展的历史性，当前我国战略科技人才中卓越工程师较多，战略科学家较少。

战略科学家是指具有深厚的科学素养，长期奋战在科研第一线，能够提出和解决全局性、根本性、前瞻性的科学问题的科技人才。

　　钱学森是我国杰出的战略科学家，是中国航天科技事业的先驱和杰出代表，在空气动力学、航空工程、喷气推进、工程控制论、物理力学等技术科学领域做出了开创性贡献，是中国近代力学和系统工程理论与应用研究的奠基人和倡导人。在漫长的科研生涯中，钱学森以敢为人先、勇立潮头、敢于超越的勇气，突破传统观念和思维定式的束缚，探索科学的新领域，研究别人没有研究过的科学前沿问题，为许多新兴学科的创建和发展做出了开拓性贡献。他在总结近代科学技术发展规律的基础上，提炼出技术科学思想与方法，并将其推广到其他工程领域，创建了工程控制论和物理力学两门新的技术科学，为人类科学事业的发展做出了开创性的重要贡献。1954 年，钱学森出版了他的奠基性著作《工程控制论》（英文版）。钱学森回国后，在组织实施导弹航天工程中，成功运用工程控制论的方法，研究、制定了一整套中国现代工程系统开发的技术过程规范，在实践中验证并不断完善，对组织管理航天系统工程发挥了重要作用。

　　卓越工程师是产业领域的高端人才，能够率领团队攻克重大科技难关，对科技发展提出战略性意见。

　　中国工程院院士高宗余是实现我国桥梁工程技术不断创新超越的主导者之一。他在桥梁建造领域兢兢业业奋斗了 30 多年，主持修建的大桥创下多项世界纪录，斩获多项国际大奖，为我国桥梁工程技术发展做出了重要贡献。在设计修建武汉天兴洲长江大桥时，为确保大桥跨径大、载重多、安全牢靠，高宗余和团队经过审慎考虑，认真推演，大胆提出全新的方案——"三索面三主桁"结构，这个方案在当时世界上没有先例。高宗余带领团队开展了关键技术研究，研发出具有自主知识产权的设计软件，获得了大桥施工建造全过程的精准控制力和变形指标，全面论证了大桥的行车性能；针对 3 片主桁悬臂安装对接点多的特点，研制成功载重 700 吨的自动控制架梁吊机，实现桁段架设中的多点起吊和精确对位，将大桥设计制造中的难题一一解决。

二、战略科技人才识别

本部分采取将政策科学、情报科学和数据科学相结合的方法，把战略科技人才定义转换为数量指标，映射为现实科研人员，并提出战略科技人才五要素辅助识别模型。

战略科技人才五要素包含首次创新、跨界创新、衍生创新、前相信度、野点信息。这五要素与战略科技人才的定义是对应的。首次创新用首次论文和首次专利表征开创性，即提出重大科学问题，开创新领域、新学科；跨界创新用知识谱系的会聚表征突破性，即对原有知识框架、研究路线和实验方法的突破；衍生创新用围绕首次创新形成的论文和专利集合表征引领性，即围绕首次创新能够形成持续创新。前相信度和野点信息分别通过与重大创新被引和伴生的特异信息的比较，间接验证创新的开创性、突破性和引领性。

五要素之间是递进约束关系。首次创新是必要前提，没有首次创新，就谈不到战略科技人才的潜质；但只有首次创新对战略科技人才的潜质来说并不充分，无法判断首次创新的质量。跨界创新加强战略科技人才潜质的充分性，跨界创新数据好，说明已超越原有知识框架，突破性好；衍生创新进一步加强充分性，衍生创新数据好，说明围绕首次创新形成了持续创新，引领性好。前相信度和野点信息通过比较类推间接印证首次创新的开创性、突破性和引领性，辅助加强战略科技人才潜质的充分性。

如果一个科学家在战略科技人才五要素数据上都有良好表现，那么这位科学家就具有成为战略科技人才的可能性；可能性的大小取决于五要素数据的优良程度，科学家五要素数据越好越有可能是战略科技人才，或越有可能成为战略科技人才。需要注意的是，战略科技人才数据化的识别只能作为识别的参考，五要素识别模型只是辅助识别的手段，识别战略科学家的根本还是从科学实践中发现人才。

战略科技人才能够提出重大科学问题，具有开创能力，这个本质特征用"首次创新"标识。首次创新是指首次论文和首次专利，"首次"是指论文内容和专利内容是第一次提出的。首次论文和首次专利，一部分可以通过科技"查新"获得，即通过查重确定哪些论文、专利为"新"，是首次提出的；还有更大的部分是未进入查新程序的冷点论文和专利，这些成果中也有一部分属于"新"的。怎样才能找到这些又"冷"又"新"的论文和专利呢？可以采取逆向查新的办法，即按照与"查新"相反的程序，先确定主题词表中没收录的主题词，然后按新主题词索"骥"——新的论文和专利。"查新"是先有"骥"，再检查这个"骥"是不是"新"；"逆向查新"则是先确定"新"，然后按"新"查找"骥"。

战略科技人才能够带领团队攻克经济社会发展和国家安全的重大科技难关，具有学科和技术引领力、带动力，这个特征用"衍生创新"标识。衍生创新就是围绕首次创新，五年内衍生的论文族群和三年内形成的专利簇集。论文族群分析包括论文数量、被引量、引者水平、知识图谱等，专利簇集分析包括专利数量、引者水平、创新链位置等。用五年、三年来界定早期，是考虑到学者对高质量论文的反应速度，要低于市场对专利的反应速度。

战略科技人才能够提出科技未来发展方向、发展思路和发展重点，这个特征用"跨界创新""前相信度""野点信息"标识。

跨界创新是指跨学科、跨技术、跨领域，在美第奇点出现的创新，用跨界论文和跨界专利标识。近年来，具有世界影响的重大创新都是美第奇式创新。前相信度是指首次论文五年内、专利三年内的被引用和知识组织扩展等情况，与同领域、同学科重大科技成果被科学共同体确认之前的被引用、知识组织扩展情况的耦合程度。野点信息或者野值信息，是指按常规不可能出现的异常信息。在一般数据处理时，野点数据的产生往往是因为测量误差、随机误差、录入错误等，而标识战略科学家的野点信息的出现则不是这些原因导致的。野点信息是来自重大创新本身的有意义信息，而不是错误信息。重大创新往往是塔勒布所说的"极端斯坦"事件，或黑天鹅事件，具有很强的颠覆性，常伴有特异信息出现，这些信息包括数据但远不限于数据，还有大量的理论、新闻、人物、事件等信息。

第二节　战略科技人才思维规律

全面提高人才自主培养质量，提高战略科技人才供给自主可控能力，是新时代人才强国战略的核心内容。自主培养人才与引进人才不同，有一个相当长的培养过程。只有从战略科技人才发展规律出发，采取符合规律的措施和政策，才能把潜在人才培养成为人才和战略科技人才。本节重点研究战略科技人才思维的两个规律。

一、非共识思维规律

总结科学史，创新者特别是重大创新者在实践时严格遵守科学规范，但在思考问题时则不受思维定式和既有经验的束缚，超出科学共识提出希望和想象。我们把这种重大创新时普遍发生的超常思维现象，称为非共识思维规律。

为什么创新者特别是杰出科学家具有非共识思维？这与科学的发展形式有关系。恩格斯说："只要自然科学还在思维着，它的发展形式就是假说。"科学的发展是通过假说开路的。科学的尽头是假说，假说一旦被证实，科学的疆域就扩大了。假说从哪里来？从猜测、想象来。而猜测和想象就要超出大多数人的既有认知，因而是非共识的。非共识不一定是真理，但真理最初一定是非共识的，因此真理最初总是掌握在少数人手里。

英国科幻小说家克拉克提出的创新法则中，第一条法则是："当科学工作者声明某件事情可行的时候，基本上他不会错；但当他说不可能的时候，他很可能是错的"。这是因为判断可能性问题时，一般根据既有知识、经验就可以作出判断，专业工作者都能胜任；但判断不可能性问题时，需要的则是非共识思维，如果还按照既有知识、经验作出判断，就无法突破。

由于是非共识，同行评议时往往得不到多数认可。当年爱因斯坦发现相对论的论文，全世界只有几个人能看懂。诺贝尔奖得主丁肇中先生说："我的每一个实验，都受到很多人的反对，尤其是空间站上的实验。""反对不是个坏现象，但用投票的方式解决科学问题是没有意义的。科学的进展是多数服从少数，只有极少数人把大多数人的观点推翻了以后，科学才能向前走。"中国工程院原院长徐匡迪院士也说："在新想法、新技术冒尖的时候，大多数人一般都不看好、不赞同，甚至无法理解。而我们国家现有的重大科研项目都是搞专家评审制，专家们坐在一起评审、投票，最终的结果，往往是把真正具有创新想法的项目给投没了。"

非共识思维规律的政策意义在于，要改革不合理的体制机制，大力支持非共识人才自由探索；建立非共识评议、开创性研究评议、国际化小同行评议等先进评议制度。对于战略科技人才的资助采取科研定制的形式，不设项目指南,以研究者为中心,由研究人员自行发掘主题,经过主题征集、磋商,确定科研项目。还要鼓励人才自荐创新,就是创新者个人不经过任何机构推荐,而是直接毛遂自荐,经过创新竞赛、创新招标、创新后补助等方式获得资助。科研定制、创新自荐适用于面向未来的"无人区"创新,能够有效培养原始创新、颠覆性创新和重大创新人才。

案 例

2011 年,以色列理论物理学家达尼埃尔·谢赫特曼因发现"准晶体(quasi-crystal)"独享诺贝尔化学奖。谢赫特曼在一次实验中发现了一种特殊的新结构,他将这种具有五重对称性、有序但无周期性结构的材料称之为准晶体。但是在成果发现之初,谢赫特曼却接连遭到学术界同行的无情批判。美国著名材料学家约翰·卡恩对他的结果表示"只不过就是五重孪晶而已。"两次获得诺贝尔奖的美国科学家莱纳斯·鲍林公开质疑道:"世界上没有准晶体,只有准科学家。"

谢赫特曼在将这一成果发表在著名物理期刊《物理评论快报》之后,就在全世界范围内的晶体学领域引发轰动,并被广泛证实是真实的。法国和日本科学家随后在实验室中制取了准晶体结构。2009 年,科学家们在俄罗斯东部的河流中发现了天然准晶体矿物。

案 例

量子力学诞生后,以玻尔为代表的哥本哈根学派认为,量子力学本身已经是完备的理论;而以爱因斯坦为首的经典派科学家则批评它并不完备。1927 年,在第五届索尔维会议上,双方的争论达到了顶峰。玻尔首次提出了"互补原理",奠定了哥本哈根学派对量子力学解释的基础。爱因斯坦提出一个又一个的思想实验，力求证明新理论的矛盾和错误，但互补原理每次都巧妙地反驳了爱因斯坦的反对意见。1930 年，在第六届索尔维会议上，爱因斯坦提出了后来名为"爱因斯坦光盒"的实验，以求驳倒不确定性原理。玻尔当时无言以对，但在冥思一晚之后，他利用爱因斯坦的广义相对论理论，戏剧性地指出了爱因斯坦这一思想实验的缺陷。他们的争论一直持续至爱因斯坦去世。这场长期的论战从许多方面促进了玻尔观点的完善，使他在以后对互补原理的研究中，不仅运用到物理学，而且运用到其他学科。正是因为这两位大师不断论战，量子力学才在辩论中发展成熟起来。

二、跨界思维规律

总结科学史，特别是 21 世纪以来重大科技创新史，几乎所有重大创新者都是跨越本学科、本领域，或者融合运用多学科、多领域的理论和方法来思考问题和解决问题，从而在多学科、多领域的会聚点完成重大创新的。这就是跨界思维规律。

中国科学院原院长白春礼院士曾发表文章说，"20 世纪以来，科技发展的跨学科性日益明显，许多重大科技问题的突破几乎都是源于跨学科、跨领域的合作"。我们统计了近 10 年来诺贝尔自然科学奖成果，发现每一个成果都是在跨界的会聚点上取得的。

跨界思维规律很久以前就被人们发现，最典型的一个表现是"美第奇效应"。美第奇是意大利的一个银行世家，在文艺复兴以前，资助了佛罗伦萨的许多人才，包括数学家、科学家、哲学家、文学家、诗人、画家、雕塑家、建筑家、金融家等，达·芬奇、米开朗基罗等人都受到过资助。

美第奇效应打破了"隔行如隔山"的知识壁垒，使意大利形成了融会贯通的创新生态，在不同学科、不同领域、不同文化的交叉点上，也就是美第奇点上，引爆了大量世界级的创新，使意大利成为文艺复兴的中心。当然，文艺复兴并不是由美第奇效应导致的，美第奇效应只是一个助推因素。如果说，文艺复兴时期的美第奇效应是个别发生的；那么在当今万物互联的时代，美第奇效应则是普遍发生的。

就学者个人来说，跨界思维首先要求本学科的知识很精湛，而且相关学科的知识也很精湛，知识结构里没有明显的短板。我们研究的400多个大科学家都是学养深厚的人，没有偏才。比如，钱学森知识域极宽，系统论、控制论、信息论，还有复杂性科学、情报学甚至人体科学、艺术学等，他都有重大贡献。杨振宁的知识面也是非常宽的，跨很多学科、很多领域，而且学术水平都是很高的，例如他写的逻辑学论文，水平是一流的。

跨界思维规律的政策意义在于，大力发展以问题为导向的通识教育，培育多主体会聚创新生态。会聚创新生态是当代科学技术发展趋势，对于培养颠覆性创新、重大创新人才具有重要作用。应改革以学科为特征的教学、科研体系，建立有利于学科融合、以团队为基础的组织结构和科研文化；支持跨学科、跨领域的会聚研发项目；培育大学、科研院所、国家实验室和企业建立交叉研究网络，鼓励不同地区联合建立创新集群，促进各个学科、各个领域人才协同创新。

案 例

1998年的诺贝尔生理学或医学奖授予罗伯特·弗奇戈特、路易斯·伊格纳罗和弗里德·穆拉德，他们发现硝酸甘油及其他有机硝酸酯可以释放一氧化氮气体，这种气体能扩张血管平滑肌从而使血管舒张。这项成果属于生物和化学范畴。

2004年的诺贝尔化学奖授予以色列的阿龙·切哈诺沃、阿夫拉姆·赫尔什科和美国的欧文·罗斯，因为他们发现了泛素对蛋白质降解（死亡）的调节。这项成果属于生物医学和化学范畴。

2006年诺贝尔化学奖授予美国科学家罗杰·科恩伯格，表彰他在真核转录的分子基础研究领域所做出的贡献。科恩伯格揭示了真核生物体内的细胞如何利用基因内存储的信息生产蛋白质。这项成果属于化学和生命科学范畴。

2013年诺贝尔化学奖获奖者之一是科学家迈克尔·莱维特。他因"建立复杂化学体系多尺度模型，连接了经典物理学与量子物理学"而与亚利耶·瓦谢尔和马丁·卡普拉斯一起获得该奖项。他们的研究成果属于物理学和数学范畴。

2015年诺贝尔化学奖授予英国科学家托马斯·林道尔、美国科学家保罗·莫德里奇和阿奇兹·桑卡，表彰他们发现和阐明了DNA修复的机制。他们的成果属于生物医学范畴。

第三节　战略科技人才成长周期规律

从职业生涯全过程来看，战略科技人才的产生和发展不是随机的、发散的，而是收敛的、回归的，呈现出明显的周期性规律。根据我们的研究和国内外学者的大量研究，重大创新思想种子的孕育、重大创新成果的产生、重大创新成果的积累，其时间节点和持续时长，具有众数分布的特征。本节重点研究战略科技人才成长周期的三个规律。

一、创新思想种子孕育峰值规律

任何创新特别是重大创新，都始于创新思想种子。创新思想种子就是包含创新雏形而未经验证的感想。创新思想种子孕育峰值规律是指创新思想种子特别是重大创新思想种子，孕育的峰值出现在 20 岁至 30 岁的十年；或者说大多数科学家的重大创新，其思想种子都是在 20 岁至 30 岁这十年酝酿的。世界级的大科学家，比如爱因斯坦等人，其创新思想种子孕育的峰值还要更早一些，一般在 20 岁之前。

这一规律是我们以中外 100 多位杰出科学家为样本，统计出来的众数规律。一些杰出科学家的创新实践也印证了这一规律。袁隆平院士做科研从 1956 年开始，研究水稻从 1960 年开始，研究杂交水稻从 1964 年开始。杂交水稻成功是在 1974 年。也就是说 1930 年出生的袁隆平院士，26 岁开始科研生涯，30 岁开始研究水稻，34 岁开始研究杂交水稻，44 岁杂交水稻研究成功。王选院士说："我在年轻的时候有两次创造高峰，一次是 26 岁时，当我懂得了软件和硬件，展开在这两个领域的研究后，产生了一种创造的欲望；还有一次创造高峰是在我 38 岁从事激光照排这个项目的时候。"这说明，两位院士重大创新思想种子的孕育都应在 26 岁左右。2023 年，引爆全球新一轮人工智能技术浪潮的 ChatGPT 项目，团队成员共有 87 人，平均年龄仅为 32 岁，其重大创新思想种子必然都产生在 30 岁以前。

为什么创新思想种子孕育峰值出现在 20 岁至 30 岁？这与人的"流体—晶体"智力结构有关。美国心理学家雷蒙德·卡尔特把智力分为流体智力和晶体智力。流体智力是感知、记忆、运算、推理等认知能力，表现为学习的方式、反应的方式和处理问题的方式，与生理和遗传因素关系较大，与教育和文化也有一定关系。晶体智力是词汇量、知识储备、经验积累等习得能力，表现为视野、习惯和技能，与后天教育和环境因素关系较大，与生理和遗传因素也有一定关系。流体智力在 20 岁左右达到峰值，之后开始缓慢下降。因此，20 岁左右时人的思维最活跃而思维中的条条框框又最少，最容易发现新矛盾、提出新问题，孕育重大创新思想种子。但这时解决问题的能力不足，因为解决问题还需要晶体智力加入，而晶体智力在 16 岁的时候只达到峰值的 5%，之后一直缓慢上升，到 30 岁左右才与流体智力匹配。因此，人在 30 岁左右开始进入解决问题能力最强的时期，这时创新思想种子开始发芽，启动重大创新进程。经过 5 年以上科研周期，进入 35 岁至 45 岁创新峰值期。

本部分对中外部分战略科技人才提出重大科技问题时的年龄进行了梳理（表 1-1）。结果显示，这些科学家提出重大科技问题的年龄在 18 岁至 45 岁，平均年龄为 30.4 岁，符合创新思想种子孕育峰值规律。

创新思想种子孕育峰值规律的政策意义在于，培养科技创新人才特别是培养战略科技人才，必须把重点前移到大学和研究生阶段；甚至更早，下沉到中小学阶段。完善早期人才培育体系，优化大中小学教材和教师、教学结构。设立面向研究生甚至本科生的未来人才储备计划，在未来 10 年资助 1 万名左右优秀青年，在 2035 年左右发挥重要作用。未来人才储备计划符合创新思想种子孕育峰值规律、创新年龄峰值规律、科技创新积累规律，决定国家未来创新竞争的成败。

二、创新年龄峰值规律

总结科学史，科学家提出重大创新的年龄峰值出现在 35 岁至 45 岁的十年间，其中提出基础研究重大创新的年龄峰值出现在 35 岁左右，提出工程技术重大创新的年龄峰值出现在 45 岁左右。这就是创新年龄峰值规律。

创新年龄峰值规律是一种经验的众数规律，就是从分布上来看，重大创新成果出现在 35 岁至 45 岁这十年的最多。事实上，20 多岁完成重大创

表 1-1 部分战略科技人才取得重大创新成果时间表

科学家	成果名称	提出问题/年	开始研究/年	取得成果/年	科学发现积累期/年	过程描述	提出问题时的年龄/岁
爱因斯坦	相对论	1905	1895	1916	21	物理学家洛伦兹1895年发表的论文《关于动体电现象和光现象的理论研究》对爱因斯坦创立狭义相对论有很大的影响。1905年发表第一篇狭义相对论的文章,此前已对相关问题探索10年之久。1916年完成长篇论文《广义相对论的基础》,首次完成确认狭义相对论和广义相对论	26
门捷列夫	元素周期律	1856	1856	1869	13	1850年入圣彼得堡师范大学学习化学。1856年获化学硕士学位。1857年任圣彼得堡国立大学副教授。1868年发现元素周期律。1869年制出第一张元素周期表	22
达尔文	进化论	1837	1837	1859	22	1837年开始写作第一本物种演变笔记。1859年发表《物种起源》	28
怀尔斯	证明费马大定理	1986	1986	1993	7	1977年证明伯奇一斯温纳顿一代尔猜想的特殊情形。1984年证明岩泽理论中的主猜想。1986年决定向费马大定理"发动冲击"。1993年完成对费马大定理的证明	33
孟德尔	遗传定律	1856	1856	1866	10	1856年开始长达8年的豌豆实验。1866年发表论文《植物杂交实验》	34

续表

科学家	成果名称	提出问题/年	开始研究/年	取得成果/年	科学发现积累期/年	过程描述	提出问题时的年龄/岁
魏格纳	大陆漂移说	1903	1903	1915	12	1903年产生关于大陆漂移的想法。1910年意外发现南大西洋两岸的海岸线轮廓极其相似。1915年出版《大陆与大洋的起源》	23
铃木章	铃木反应	1963	1963	1979	16	1963年开始有机硼化学的研究。1979年首先提出"铃木反应"	33
居里夫人	发现镭	1898	1898	1910	12	1898年发现镭元素。1902年提炼出极纯净的氯化镭。1910年提炼出纯金属镭	31
朗道	液氦超流体理论	1937	1937	1941	4	1937年开始研究低温物理学中液氦超流动性问题。1941年提出超流性理论的二流体模型。1944年,朗道的理论预言得到了实验证实	29
马利肯	分子轨道理论	1932	1932	1952	20	1932年提出分子轨道理论。1952年用量子力学理论来阐明原子结合成分子时的电子轨道,发展了分子轨道理论	36
屠呦呦	青蒿素	1969	1969	1975	6	1955年大学毕业,进入原卫生部中医研究院中药研究所从事中药研究。1969年加入"523"抗疟项目。1971年发现抗疟效果100%的青蒿提取物。1972年提炼出抗疟有效成分青蒿素。1975年彻底弄清青蒿素的分子结构	39

15

续表

科学家	成果名称	提出问题/年	开始研究/年	取得成果/年	科学发现积累期/年	过程描述	提出问题时的年龄/岁
哈塞尔曼	建立地球气候模型和预测预测全球变暖	1961	1961	1979	18	1961年参加大型海洋波浪实验。1976年开发随机气候模型（哈塞尔曼模型）。1979年发表的关于大气响应研究中的信噪比问题被认为是对全球变暖影响的关键一步	30
德布罗意	发现电子的波动性，提出物质波理论	1910	1910	1923	13	1910年从文学转向理论物理学，思考波与粒子的问题。1922年攻读博士学位期间，感悟到必须把理论物理学中使用的波和粒子两个概念统一起来；1923年9—10月连续发表三篇论文，提出并阐述了物质具有粒子和波的二象性思想	18
韦尔特曼	非阿贝尔规范理论的重整化方法	1967	1967	1972	5	1967年起致力于探究"弱电统一理论"是否可以用"重整化"消除其中的"无穷大"问题。1971—1972年相继发表多篇论文，提出了非阿贝尔规范理论的重整化方法，阐明了弱电相互作用量子结构	36
阿什金	在激光物理领域的突破性发明	1967	1967	1986	19	1967年开始研究利用激光操纵微粒。1970年，描述了微米尺度透明球体的加速和俘获。1986年，发明了使用激光陷阱粒子的技术——光学镊子，并发表相关研究成果	45

续表

科学家	成果名称	提出问题/年	开始研究/年	取得成果/年	科学发现积累期/年	过程描述	提出问题时的年龄/岁
赫茨伯格	对分子的立体结构和电子结构，特别是对自由基的开拓性研究	1925	1925	1961	36	1925年攻读博士学位并开始研究分子结构。1956—1960年成功获得了甲基自由基CH₃和双自由基碳烯CH₂的吸收光谱，确定了它们的电子结构和几何形状。1961年发表相关研究成果	21
赫尔	开发超高分辨率荧光显微镜	1990	1990	2000	10	1990年取得物理学博士学位，并致力于寻找绕开衍射极限，开发超高分辨率显微镜的方法。1994年提出并阐述了实现超分辨率荧光显微镜的新技术"受激辐射减损技术"。2000年开发出STED（Stimulated emission depletion）显微镜	28
摩尔根	发现染色体在遗传中的作用	1903	1903	1915	12	1903年在实验胚胎学研究的基础上，开始致力于通过实验验证孟德尔遗传定律。1915年在著作中，比较系统地阐述了染色体遗传理论	37
爱德华兹	在人类试管授精技术方面的开创性贡献	1955	1958	1978	20	1955年获得博士学位，并萌生了让人类卵子在体外成熟受精的想法。1958年在英国国立医学研究所开始致力于人类受精过程研究。1968年建立世界首个体外受精研究中心。1978年，一名接受了试管婴儿手术的女士顺利产下女婴，标志着体外受精技术在临床上运用上的成功	30

续表

科学家	成果名称	提出问题/年	开始研究/年	取得成果/年	科学发现积累期/年	过程描述	提出问题时的年龄/岁
本庶佑	发现抑制负性免疫调节的癌症疗法	1971	1971	1999	28	1971年被抗体的多样性所吸引，开始专注分子免疫学研究。1992年，发现了与细胞程序性死亡相关的受体PD-1基因，是激活T淋巴细胞的诱导基因。1999年提出了通过抑制PD-1因子而实现癌症治疗的方法，并发表相关成果	29

说明：

（1）门捷列夫、达尔文、怀尔斯、孟德尔、魏格纳没有获得过诺贝尔自然科学奖。

（2）上述科学家提出问题的年龄平均为30.4岁；科学发现积累期平均为15.2年。

（3）已有的文献中关于一些科学家开始重大成果相关研究的起点描述较为模糊。如门捷列夫制出元素周期表仅用了一年，但此前他对元素周期规律方面做了大量研究工作。本部分以其获得硕士学位为起点进行统计。此外，门捷列夫、铃木章等"提出重大问题时的年龄"无法具体考量，本部分以开始相关研究的时间进行统计。

新的也有，60 岁以上完成重大创新的也有，但不是多数。王选院士说："现在我过了 60 岁。从 55 岁开始，一年戴一个院士桂冠，一下子成了三院院士，这样一想，还真是一个权威了。其实人们不知道，在计算机技术领域里头是没有 60 岁的权威的。所有的创业者都是年轻人。在计算机技术领域里面很难找到 45 岁以上的创业者，55 岁以上不再可能达到创造高峰了。"

这个规律是 20 世纪多位学者研究的共同结论，也被大多数人认可、应用。我们对这个规律又进行了验证。根据有关学者对 435 位诺贝尔奖获得者的统计，我们再分组计算，得到的结果是：35 岁至 45 岁做出重大创新的有 174 人，占总人数的 40%；其次是 26 岁至 35 岁，有 164 人，占总人数的 38%；两者相加占 78%。

赵红州老师是我国最早开始对创新年龄峰值规律进行研究的学者之一。他对从 1500 年至 1960 年共 460 年全世界 1249 名科学家做出的 1928 项重大科学成果进行了统计，发现"科学发明最佳年龄区"是 25 岁至 45 岁，概率最大的是在 37 岁。20 世纪国外也有一些测算，苏联和意大利科学家测算的峰值是 33 岁，比赵老师统计的小 4 岁；美国、德国科学家测算的峰值是 37 岁，与赵老师统计结果一致。而日本 21 世纪以来的诺贝尔奖获得者统计结果则显示，其成果取得时的平均年龄在 40 岁左右。中国科学院一项研究也显示了这一规律。中国科学院杰出人才群体通常是 26 岁首次发表索引论文，27 岁博士毕业，31 岁首次独立申请并获得研究资助，科学研究活跃期持续到 35 岁，36 岁至 40 岁取得突出研究成果；41 岁至 45 岁以出色的研究工作与成果为同行所承认。

创新年龄峰值规律的政策意义在于，应优化国家资助结构，把战略科技人才培养重点放在中青年骨干人才。王选院士说："很有趣的一点是，在我年轻的时候，没有得到承认，是小人物。一到 60 岁，忽然成了权威了。我发现人们把时态搞错了，明明是过去时，搞成了现在时，甚至以为是能主导将来方向的将来时。这是很大的误会。"目前科技人才计划有的资助对象年龄偏大；有的虽然是青年人才计划，但出自不同部门，相互之间或者交叉重复，或者缺乏关联衔接，需要按照人才发展规律、科学研究规律整合。我们认为，整合后面向 45 岁及 45 岁以下申请者的各类计划，其经费应占总科研经费的 50% 以上，其中基础研究领域人才计划 80% 以上的经费都应该资助 45 岁及 45 岁以下的科研人员。

三、科技创新积累规律

总结科学史，杰出科学家完成重大科技创新成果前，往往需要 10 ～ 15 年的研究积累，这就是科技创新积累规律。

我们统计了 456 位诺贝尔奖获得者，他们平均在获得博士学位以后的第 12 年取得重大创新成果，也就是说，重大创新成果平均需要 12 年的积累。由于是经验规律，我们又结合一些科学家的自述，把积累期修正为 10 ～ 15 年。

从科学史来看，许多大科学家的创新实践印证了这一规律。爱因斯坦创立相对论用了 11 年，门捷列夫发现元素周期律用了 12 年，达尔文提出进化论用了 22 年，孟德尔发现遗传定律用了 10 年，怀尔斯证明费马大定理用了 7 年，魏格纳发现大陆漂移说用了 12 年，等等。其实，这个积累规律中国古人早就有总结，称为"十年寒窗"期。孔子也把人生周期划分为 15 岁至 30 岁、30 岁至 40 岁、40 岁至 50 岁、50 岁至 60 岁等大致 10 年长度的几个时期。

当代一些科学家的实践也印证了这一规律。比如，袁家军担任航天科技集团副总经理时说："要成为领军人才，一般要经过 10 ～ 15 年的不断积累……我在'921'工程副总指挥、总指挥岗位上一干就是 10 年。"北京航空航天大学周宏仁老师说："一般来说，一个高层次领军人才在取得硕士和博士学位后，至少还需要在该领域前沿摸爬滚打 5 ～ 10 年，才有可能脱颖而出。"

本部分梳理了历史上部分战略科技人才的研究经历，发现他们取得重大创新成果的积累期平均为 15.2 年，详见表 1-1。

科技创新积累规律的政策意义在于，培养战略科技人才要采取体系化的持续资助方式。对于处于研究生等科研初始阶段的科技人才，进行首次科研资助、深化科研资助和飞跃科研资助，形成分段接续资助体系。未来人才计划资助结束以后，转入面向杰出青年、科研骨干、科研带头人等的资助计划，形成持续性科研生涯资助体系，避免人才培养的短期行为、孤岛现象和"半截子"工程。

第四节　战略科技人才生态规律

战略科技人才发展不仅具有特异思维规律、成长周期规律，而且具有人才生态规律，其传承和聚集高度依赖人才友好的科学文化和创新环境。科学共同体行政化的管理方式，唯论文、唯职称、唯学历、唯奖项的评价体系，违背人才生态规律，阻碍战略科技人才成长。只有建设充满活力的人才生态，才能培养出战略科技人才。本节重点研究战略科技人才发展的两个生态规律。

一、战略科技人才师承规律

总结科学史，杰出科学家多数是由杰出科学家发现的，多数也是由杰出科学家培养的。这就是战略科技人才师承规律。杰出科学家发现杰出科学家，就是所谓"伯乐相马效应"；杰出科学家培养杰出科学家，就是所谓"名师出高徒效应"。

在 2021 年中关村论坛上，美国斯坦福大学结构生物学教授、2013 年诺贝尔化学奖获得者迈克尔·莱维特引用了一组数据："有一半的诺贝尔奖得主，他们都是诺贝尔奖得主的学生，或者在他们的职业生涯、研究生涯中，曾经遇到并且认识、共事于诺贝尔奖获得者。"另据袁祖望老师提供的一组数据，1901—1972 年，诺贝尔物理学、化学、生理学或医学三类获奖者中，获奖师徒的比例分别为 61.3%、57.9%和 42.9%。

师承关系甚至延续 3～5 代，形成创新人才谱系。比如，下列诺贝尔自然科学奖获奖者的师承关系：玻尔（1922 年获得诺贝尔物理学奖）师承卢瑟福（1908 年获得诺贝尔化学奖），卢瑟福师承汤姆逊（1906 年获得诺贝尔物理学奖）；格拉塞（1960 年获得诺贝尔物理学奖）师承安德森（1936 年获得诺贝尔物理学奖），安德森师承密立根（1923 年获得诺贝尔物理学奖）；密立根师承能斯特（1920 年获得诺贝尔化学奖），能斯特师承奥斯特瓦尔德（1909 年获得诺贝尔化学奖）；库柏（1972 年获得诺贝尔物理学奖）、施赖弗（1972 年获得诺贝尔物理学奖）师承巴丁（1956 年和 1972 年获得诺贝尔物理学奖），巴丁师承布里奇曼（1946 年获得诺贝尔物理学奖）、威格纳（1963 年获得诺贝尔物理学奖），等等。

我们国家可能会出现这样一个问题：师承现象有没有可能产生科研"小圈子""科研老板"等学术腐败现象。我们认为不必担心。首先要充分相信那些大科学家，他们是一群高尚的人，具有自我实现和超我实现的人格；其次，退一步讲，即使有人搞裙带关系，但由于科学研究是公开的赛跑，一实践就露馅了。

战略科技人才师承规律的政策意义在于，充分赋予杰出科学家推荐、培养人才的自主权，并把杰出科学家推荐、培养人才纳入国家人才工作程序。推荐科技人才，就是首先确定杰出科学家，然后由他们在全球范围内提名候选人，直接予以资助、奖励或使其承担相关任务；必要时也可以经过同行评议或磋商确定是否资助。所带的研究生、研究助手、骨干研究人员等，也可根据杰出科学家的提名确定。视不同情况，提名既可以是公开的，也可以是匿名的。师承资助的方式有利于充分发挥杰出科学家的作用，也是发现潜在战略科技人才的有效办法，适用于培养原始创新和重大创新人才。

案 例

对诺贝尔自然科学奖获奖者成长道路的研究表明，获奖者与名师之间存在大量近亲相传、代际遗传的师承关系，使"名师出高徒"成为人才培养的一般规律。汤姆逊（1906年获得诺贝尔物理学奖）有8位学生获得诺贝尔奖；卢瑟福（1908年获得诺贝尔化学奖）有11位学生或一起工作过的助理获得诺贝尔奖；玻尔（1922年获得诺贝尔物理学奖）有4位学生获得诺贝尔奖；至少9位追随过费米（1938年获得诺贝尔物理学奖）的学生或一起工作过的同事获得诺贝尔奖，包括1957年获得诺贝尔物理学奖的李政道。

二、战略科技人才聚集规律

总结科学史，杰出科技人才总是向创新生态友好的科学共同体聚集；或者说，创新生态友好的科学共同体是杰出科学家的源发地和聚集地。这就是人才聚集规律。过去不少学者提供了证实这一规律的若干材料，这次我们明确概括为战略科技人才聚集规律。

杰出科学家的出现不是偶然的、散发的，也不是设计的、安排的，而是生态化发生的。温元凯先生的研究显示，657位诺贝尔奖获得者中，毕业于世界大学排名前 20 的，超过 90%；盛产诺贝尔奖获得者的大学拥有非常优秀的实验室、学派和学术中心。维基百科有统计显示，1901 年至 2021 年，54% 的诺贝尔自然科学奖获得者来自全球 10 所顶尖高校。另外，据一项对 469 名诺贝尔物理学、化学、生理学或医学三大奖项获得者的统计显示，剑桥大学、哈佛大学、哥伦比亚大学、芝加哥大学、巴黎大学 5 所大学共培养了 167 名诺贝尔奖得主，占获奖总人数的 24%。仅美国洛克菲勒大学，100 多年间就培养了 24 名诺贝尔奖得主；剑桥大学的分子生物学医学研究委员会在过去 60 年间，培养了 26 名诺贝尔奖得主。这说明一流大学是重要科学家聚集的共同体。

我们对健康医疗领域的战略科技人才聚集规律做过一个验证，使用的是 2018 年的数据。具体是由王运红、潘云涛团队测算的。验证的结果如下：在国际健康医疗领域，战略创新人才的源发地和聚集地是代尔夫特理工大学、鲁汶大学、南卡罗来纳大学、麻省理工学院、普林斯顿大学、斯坦福大学等 6 所大学，以及美国纪念斯隆·凯特琳癌症中心、美国基因工程公司、直觉外科公司、诺华集团、默克公司。中国医药健康领域战略创新人才源发地和聚集地主要是清华大学、北京大学、浙江大学、中国中医科学院、中国人民解放军海军军医大学、北京积水潭医院、中国人民解放军陆军军医大学、陆军军医大学西南医院、中国人民解放军总医院，以及中国科学院化学所等。

其实，在宏观尺度上，战略科技人才聚集规律也是存在的。正如习近平总书记讲的，"人类历史上，科技和人才总是向发展势头好、文明程度高、创新最活跃的地方集聚。"16 世纪以来，全球先后形成 5 个科学和人才中心。一是 16 世纪的意大利，聚集了哥白尼、伽利略、达·芬奇、维萨里等一大批科学家；二是 17 世纪的英国，聚集了牛顿、波义耳等科学大师；三是 18 世纪的法国，聚集了以拉格朗日、拉普拉斯、拉瓦锡、安培等为代表的一大批卓越科学家；四是 19 世纪的德国，聚集了爱因斯坦、普朗克、欧姆、高斯、黎曼、李比希、霍夫曼等一大批科学家；五是 20 世纪的美国，聚集了费米、冯·诺依曼等一大批顶尖科学家及一大批顶尖发明家，聚集了近 70% 的诺贝尔奖得主。

由表 1-2 可知，在 1901—2020 年的诺贝尔自然科学奖获奖者中，超过一半（54%）来自全球 10 所顶尖高校，并且这 10 所顶尖高校均为美国（8 家）和英国（2 家）著名高校。

表 1-2　1901—2020 年全球培养出诺贝尔自然科学奖获奖者最多的
大学排名（前 30 名）

排名	大学	国家	自然科学奖总人数	物理学奖	化学奖	生理学或医学奖
1	哈佛大学	美国	114	32	39	43
2	剑桥大学	英国	98	37	30	31
3	伯克利加州大学	美国	84	34	32	18
4	加利福尼亚理工学院	美国	72	31	18	23
	哥伦比亚大学	美国	72	33	16	23
6	麻省理工学院	美国	63	34	16	13
7	芝加哥大学	美国	62	32	19	11
8	斯坦福大学	美国	54	25	13	16
9	牛津大学	英国	53	15	19	19
10	康奈尔大学	美国	50	23	12	15
11	柏林洪堡大学	德国	49	14	23	12
12	普林斯顿大学	美国	44	30	10	4
13	哥廷根大学	德国	43	19	16	8
14	慕尼黑大学	德国	42	14	19	9
15	洛克菲勒大学	美国	38	1	11	26

续表

排名	大学	国家	自然科学奖总人数	物理学奖	化学奖	生理学或医学奖
16	耶鲁大学	美国	34	8	12	14
	哥本哈根大学	丹麦	34	19	7	8
	巴黎大学	法国	34	15	10	10
19	苏黎世联邦理工学院	瑞士	32	11	17	4
20	伦敦大学学院	英国	31	5	7	19
21	约翰·霍普金斯大学	美国	30	4	8	18
22	伊利诺伊大学香槟分校	美国	27	11	5	11
23	宾夕法尼亚大学	美国	25	4	10	11
	加利福尼亚大学圣迭戈分校	美国	25	6	9	10
25	海德堡大学	德国	24	11	8	5
26	威斯康星大学麦迪逊分校	美国	23	6	7	10
27	纽约大学	美国	20	3	5	12
28	密歇根大学	美国	18	9	3	6
29	明尼苏达大学	美国	15	7	4	4
30	加利福尼亚大学洛杉矶分校	美国	14	2	8	4

说明：数据来自维基百科"各大学诺贝尔奖得主列表"。

战略科技人才聚集规律的政策意义在于，培养战略科技人才必须建设创新人才友好的科学共同体。高等学校、科研院所、专业机构等科学共同体，要"进一步破除'官本位'、行政化的传统思维"，建立科学家本位的科研体制和机制。基础研究、公益研究单位设立创新岗位，实行基本工资占主体的工资制度。建立国际化的同行评议制度。建设包容的、诚信的、负责的新型科研伦理和创新文化。

（执笔人：袁　珩、郭铁成）

第二章
人才需求与激励

　　当今世界，人才是第一资源，面向各类人才，特别是战略科技人才的争夺日趋激烈。为此，世界主要国家和地区纷纷制定具有竞争力的人才激励措施，培养、留住本国人才，大力吸引国外有潜力和顶尖的人才，以期赢得当前激烈的国际竞争的主动权。本章从战略科技人才的需求结构出发，重点论述战略科技人才的高阶需求，即兴趣需求、志向需求、使命感需求、价值观需求，以及在不同的发展阶段，其需求侧重点的不同。同时，本章还重点总结分析主要发达国家和新兴经济体国家在科研人员物质激励和非物质激励方面出台的有效举措，以期为我国战略科技人才激励举措的进一步完善提供参考和借鉴。

第一节　战略科技人才的需求结构

需求结构是人格心理学的传统内容。通过分析需求结构，可以找到战略科技人才的动力来源和动力机制，为制定政策提供参考。研究战略科技人才的需求结构，始于激励政策失灵的问题。进入新时代以来，在对待一流创新人才时，不少地方还沿用传统的激励政策：给钱，给项目，给"帽子"等，结果仍然没有起到激励作用。美籍华裔数学家丘成桐曾在一个采访里表示："我到中国来40年了，我没拿过中国任何薪水。"记者问："您到清华大学是他们不给您薪水吗？"丘成桐说："不是他们不给，是我不要他们的薪水。"这清楚表明，对于丘成桐这样伟大的科学家，金钱无法起到激励他们的作用。这种现象引起了我们的思考：基本需求的满足对人是有激励作用的，但对战略科技人才不起作用，这是否意味着人还有更高阶的需求结构呢？高阶需求的满足对战略科技人才是否有激励作用呢？针对战略科技人才的需求结构的研究就提上了日程。

一、一般需求理论

在20世纪诞生了关于人的需求的四大理论，分别是马斯洛的需求层次理论、赫兹伯格的双因素理论、麦克利兰的三种需求理论和弗洛姆的期望理论。

美国心理学家马斯洛（A. H. Maslow）发现了人的动力机制：动力来自动机，动机来自需求。个体成长发展的内在力量是动机，动机是由多种不同性质的需求组成的。他将人类的需求由低到高进行划分，分别为生理需求、安全需求、社会需求、尊重需求、自我实现需求，以及自我超越需求（图2-1）。自我超越需求一般合并到自我实现需求中，不作为单独层次。

这五种需求依次是上下层级关系，本级需求没有满足，则本级需求强烈，上一层级的需求不会发生；但当本级需求满足以后，上一层级需求则变得突出和迫切，依次类推。

马斯洛的五种需求可以简单分为两类，一类是基本需求，另一类是高阶需求。基本需求的满足是物质获得性的，包括生理需求、安全需求、社会需求、尊重需求四种，层级越低越要通过物质性获得才能满足；高阶需求即自我实现需求，它的满足是赋予性的，即自我实现虽然不能离开物质条件，但其满足是通过能力释放而创造新的思想和新的事物。

图2-1　马斯洛的需求层次理论

马斯洛需求结构美中不足的是，生理需求、安全需求、社会需求、尊重需求描述得很具体，可以感知和测度，但对自我实现需求的定义就比较抽象，不好把握。在马斯洛的文章中，我们看到他对自我实现也有一些描述，比如说自我实现的需求就是认知审美创造的需求，是运用才能品质能力的需求，是自我实现的高峰体验，等等，但还是不能像前四种需求描述得那么清晰。理论是时代精神的体现，马斯洛正处于工业化时代，当时人类解决基本需求的问题比较突出、比较迫切，实际上在工业革命以前人类一直都吃不饱饭，包括欧洲饿死很多人。只是工业革命来了，马克思说创造了那么大的生产力，比历史上生产力的总和还要多。所以在马斯洛在世的时候，人们的生理需求、安全需求、社会需求、尊重需求比较凸显，至于超过基本需求之上的自我实现甚至超我实现的需求，还不突出、不普遍，形成清晰理论的条件尚不具备。

美国心理学家赫兹伯格提出了"双因素需求理论"。双因素是指"保健因素"和"激励因素"（图2-2）。保健因素是指造成人不满的因素，包括工资报酬、领导水平、福利待遇、人际关系、监管管理、安全措施等。保健因素与马斯洛理论中的前四个基本需求比较接近。如果保健因素缺失，会导致很大不满，降低积极性；具备保健因素也不会对提升积极性有很大帮助。激励因素是指能让人感到满意的因素，与工作成就、事业发展有关，包括成就感、挑战性工作、奖励、晋升、成长、责任。激励因素很大程度

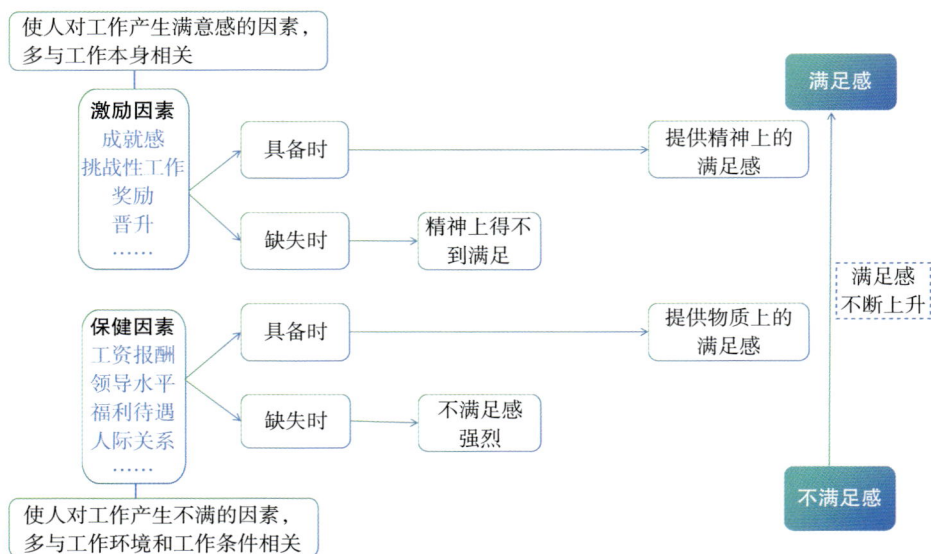

图 2-2　赫兹伯格的双因素理论

上是高阶需求，这比马斯洛提出的自我实现需求更具体化。如果激励因素缺失，也没什么；如果具备激励因素，人会感到更满意。

赫兹伯格还提出，缺失保健因素会使人产生不满足感，具备保健因素也不能使人产生满足感。基本需求不足必然使人产生不满情绪，但是当基本需求得到满足以后，人却不能产生满足感。满足感是由激励因素导致，由高阶需求提供的。这个时候要激励，必须提供激励因素，满足基本需求不管用。

赫兹伯格的双因素理论表明，对战略科技人才来讲，激励因素的需求是主要的，只满足于保健因素是起不到激励作用的。

美国心理学家麦克利兰提出了"三种需求理论"。他认为，人除了基本的生存需求，还有三种重要的需求：成就需求、权力需求和亲和需求。这三种需求很大一部分不是基本需求，而是高阶需求，这实际上也是对马斯洛自我实现需求具体化的一种尝试。

最后一种重要的理论是弗洛姆的"期望理论"。弗洛姆是美籍德国人，哲学家、心理学家。他认为，人的行为动力取决于期望，即行为主体对其行动结果的价值评价和对达成该结果可能性的估计。用数学关系表示，即激励力的大小，等于行动结果的预期价值乘以对结果的期望概率，用公式可以表示为：$M = V \times E$。

公式中，M 表示激励力，即行为动力的大小；V 表示效价，是个人对结果的价值评价；E 是期望值，是个人根据知识和经验对结果达成可能性的判断，或能够达成结果的主观概率。

弗洛姆把期望引入了需求结构，也就找到了自我实现的内在驱动力，从而把马斯洛的需求理论向前推进了一大步。

二、战略科技人才的高阶需求

在 20 世纪四种需求理论的基础上，我们希望再向前走一步，系统描述基本需求之上的高阶需求结构，即自我实现需求的结构。我们以战略科技人才为样本，发现高阶需求由四个部分组成：兴趣需求、志向需求、使命感需求、价值观需求。这样就把马斯洛自我实现的需求具体化了。需要说明的是，虽然本部分以科学家为样本研究高阶需求，但是高阶需求不仅限于科学家，是人类共有的，只不过高阶需求结构在科学家特别是战略科技人才身上表现最为典型。战略科技人才也有基本需求，但高阶需求是主导的。

（一）兴趣需求

兴趣需求也可以称为好奇心需求，是由新奇事物引起的探究性注意和挑战性渴望。

中国科学技术大学原党委书记郭传杰同志在接受采访时说，对于一流人才"你不用问也不用催，他自己会有一种内在的 Motivation，就是内在的驱动力。不是因为你给他任务他才去做，也不是为了得诺贝尔奖去做，更不是为了发文章去做，他这一生就是为了解决感兴趣的科学问题，活着就要去探索其中的奥妙"。清华大学原副校长薛其坤院士也表示："好奇心而非功利心，往往更能指引优秀科学家实现'从 0 到 1'的突破。"纵观科学史，这种观点可以说是所有大科学家的共同认识，爱因斯坦早就说过："推动我进行科学工作的是一种想了解自然奥秘的抑制不住的渴望，而不是别的感觉。我热爱正义，也力求对改善人类的处境做出贡献，但这并不同于我的科学兴趣。"

历史上很多给人类生活带来巨大改善的科技创新是好奇心使然。从揭示量子力学理论，到"九章"量子计算原型机问世，正是对未知的无限好奇和渴望，牵引着科学家们不断走进神奇的量子世界，在一个全新的维度上去认识自然。

　　爱因斯坦在苏黎世联邦理工学院读书时，就对运动系统中的电动力学产生浓厚兴趣。1899年，他在给他后来的太太米列娃的信中写道："……现正在非常仔细地重读赫兹的电力传播工作，因为我以前没能明白赫姆霍兹关于电动力学中最小作用量原理的论述。我越来越相信今天所了解的运动物体的电动力学与实际并不相符，而且可能有更简单的理解方式。"他开始追寻更简单的理解方式，6年以后引导出了狭义相对论。爱因斯坦之所以在科学上取得如此高的成就，与他对大自然的强烈好奇心是分不开的。他把对大自然的惊异称作"神圣的好奇心"。正如他讲："我没有什么特别的才能，只是充满好奇罢了。"

　　中国学者靳露对日本18位诺贝尔自然科学奖获得者的研究显示，他们从事科学研究都是出于自己内心对科学研究的热爱与兴趣。例如，2002年获得诺贝尔化学奖的田中耕一从小就喜欢动手，喜欢观察和记录数据。在进入岛津事务所后，他一直从事大量真正意义上的实验，这种通过自己动手可以直接得到结果的实验令他兴奋不已。他在自传中表示，希望能够永远作为一名工程师，从事研发工作。2014年的诺贝尔物理学奖获得者赤崎勇从小就被父亲教育，要"坚持做自己喜欢的事情，把自己放进去"。这句话在他的研究不被看好的时候一直激励着他，最终开发出蓝色LED，摘下诺贝尔奖桂冠。

案 例

2008 年诺贝尔化学奖获得者、美籍华裔科学家钱永健关于科研生活有过这样的见解："你的科研应当理想地贴合你的个性，这样，当你遇到那些不可避免的失败时，才会有一些内在的快乐支持着你。"钱永健是一个兴趣广泛的人。小时候，他在屋里看哥哥们栽种花草，养成了对光和颜色的热爱。上小学时，父母送给他一套化学实验用具，他开始了"化学实验"。读剑桥大学时，他想做一些更有意思的事，就从化学转到了分子生物学，又转到了海洋学，发现自己不喜欢研究海洋问题，又转到了生理学，最终获得了博士学位。此后，他又"回归"化学，开始了对绿色荧光蛋白的研究之路。

（二）志向需求

志向需求是超越功利的期望和实现期望的进取心。一个人的兴趣上升为志向，他对人生和事业的目标就有了较为明确的预期和持续的努力。科学研究本就是一项严谨、繁琐且艰辛的工作，需要科学家树立高远的志向作为指引和支撑，敢于下苦功夫，才有可能取得重大成就。梳理众多战略科学家的事迹，他们大都把个人的理想与志向同祖国命运、民族振兴结合起来，在为国家和人民服务的过程中，为国家奉献，实现个人价值。

案 例

我国著名医学科学家、病毒学家顾方舟被称为"中国脊髓灰质炎疫苗之父"。他长期从事脊髓灰质炎减毒活疫苗研究，建立了脊髓灰质炎病毒的分离与定性方法，制定了脊髓灰质炎疫苗的试制与安全性标准，为我国研制活疫苗消灭脊髓灰质炎做出了重大贡献。在他求学期间，当时中国老百姓面临的卫生环境恶劣，导致多种疾病流行，并且死亡率很高。顾方舟对百姓深受疫情之害备感痛心，在公共卫生专家严镜清先生的影响下，毅然选择了从事公共卫生事业。1957年，顾方舟临危受命，开始了脊髓灰质炎的研究工作，他下定决心、义无反顾地说："交给我这个任务，我想无论如何也得把它完成。"顾方舟和同事们面对艰苦的科研条件，克服各种困难，创造性地解决各种问题，带领研究小组完成了脊髓灰质炎的流行性分析，于1958年在国内首次分离出脊髓灰质炎病毒，并从病原学角度证实，1955年南通地区的大规模疫情主要是由I型脊髓灰质炎病毒引起，为脊髓灰质炎的防治打下了良好基础。

案　例

　　刘永坦是我国著名雷达与信号处理技术专家，我国对海探测新体制雷达理论和技术奠基人。1953年，刘永坦以优异成绩考入哈尔滨工业大学。1979年，刘永坦到英国进修。学习期间，刘永坦与雷达结缘，认识到"雷达看多远，国防安全就能保多远"。1981年，刘永坦怀着"中国必须要拥有新体制雷达，我要研制出中国的新体制雷达"之志，回到祖国，从"0"开始踏上艰辛探索之路。1982年，在项目立项后，刘永坦带着6个人的团队连续奋战10个月，"没有电脑，一页稿纸300字，报告手写了700多页，写废的纸摞起来有半米高"，"喝光"的墨水瓶不计其数，有时候写得手腕酸痛、手指发麻，连鸡蛋都握不住。终于，一份20余万字的《新体制雷达总体方案论证报告》顺利通过国家评审论证。然后又是800多个日夜，数千次试验，数万个测试数据……刘永坦带领团队全身心扑在案头、守着实验室，对关键技术一项一项攻关，对硬件一项一项论证，相继攻克海杂波背景目标检测、远距离探测信号及系统模型设计等理论难关，终于在1986年创建了完备的新体制雷达理论体系，实现了我国海防预警科技的重大原始创新。

（三）使命感需求

使命感需求是担当民族、国家和社会重大任务的责任感和义务感。科学研究活动的过程，不仅是一组技术性的和理论性的操作活动的集合，而且也是全面体现和反映科学家使命感、责任感的过程。战略科技人才往往在民族和国家用人之际，主动挺身而出，当仁不让，舍我其谁。他们将个人事业与国家命运联系在一起，主动承担起追求真理、传播真知、服务国家、服务人民的使命。

使命感是战略科技人才厚积薄发、精益求精的动力。我们经常说的家国情怀，就是使命感、责任感。师昌绪先生在回国时说："现在中国十分落后，需要我这样的人。""我的人生观就是使祖国强大。"他有这样的使命感。钱学森说："我在美国前三四年是学习，后十几年是工作，所有这一切都在做准备，为了回到祖国后能为人民做点事——因为我是中国人。"习近平总书记在中央人才工作会议上的讲话，也要求"鼓励人才深怀爱国之心、砥砺报国之志，主动担负起时代赋予的使命责任。广大人才要继承和发扬老一辈科学家胸怀祖国、服务人民的优秀品质，心怀'国之大者'，为国分忧、为国解难、为国尽责"。

案例

　　1996 年，著名地球物理学家黄大年以优异成绩获得英国利兹大学地球物理学博士学位。一年后，他进入英国 ARKeX 公司，一步步成为被仰望、被追赶的传奇人物。但在他内心深处，始终为祖国保留位置。直到他接到母校吉林大学向他发出回国邀请，他回复道："……作为高端科技人员在果实累累的时候回来更好……而我现在正是最有价值的时候，应该带着经验、技术、想法和追求回去，实现报国梦想。"在回国后，黄大年先后担任 863 计划、"十二五"规划项目——"高精度航空重力测量技术"首席专家、"深部探测技术与实验研究专项"第九项目"深部探测关键仪器装备研制与实验"首席科学家等重任，为祖国的科技发展殚精竭虑。

（四）价值观需求

　　价值观需求就是为了实现对科学和真理的信仰而产生的人生追求。对科学和真理的信仰，是稳定的价值系统，这个系统能够生成一种动力，促使人们用实际行动去实现它。科学史上的例子非常多，很多科学家为了实现自己的价值观，甚至不惜牺牲生命。爱迪生说："我的人生哲学是工作，我要揭示大自然的奥秘，并以此为人类造福。我们在世的短暂的一生中，我不知道还有什么比这种服务更好的了。"中国科学院原副院长胡启恒同志也有个表述："具有创新思维能力的杰出人才，往往具有特立独行的坚毅性格。在学习和生活中，会提出自己独到的观点，敢于坚持与众不同的意见，甚至会做出一些超越常规之事。敢作敢为，不害怕被孤立或受到家人亲友的谴责，遭受失败也不会轻言放弃，而是要坚持做出结果。"

案 例

屠呦呦课题组发现青蒿素，就是在"为人类造福"的崇高信念支撑下取得的。1969年，我国科学家屠呦呦在中医研究所接到了"中草药抗疟"的任务。在经历大量研究和实验后，屠呦呦课题组终于在第191次低沸点实验中发现，以低沸点溶剂乙醚来提取有效成分，明显提高了青蒿防治疟疾的效果，也大大降低了其毒性。为了尽快确定青蒿萃取液作用于人类身上是否安全，屠呦呦和她的同事们勇敢地充当了首批志愿者——在自己身上进行实验。屠呦呦由此还得了中毒性肝炎。1972年，他们在青蒿中提取到了一种无色结晶体，并将其命名为"青蒿素"，为千千万万疟疾患者免除了痛苦。

国内外科技发展史上，有众多战略科技人才在追求科学理想的道路上遇到各种磨难与阻挠。意大利天文学家伽利略因支持哥白尼的"日心说"，并提出"地球围绕太阳进行公转"等观点，遭到教会的迫害。瑞典化学家阿伦纽斯提出的电离学说是化学领域一项具有革命性的重要发现。但他最早提出电离学说时，遭到了化学权威的无情嘲讽，他不得不一次次写文章进行回击，直至多年后他的观点才得到同行科学家的承认。苏联科学家朗道曾遭遇过"大清洗"，被以"德国间谍"的罪名逮捕并判处十年徒刑，但他并没有放弃热爱的事业，后来在1946年被选为苏联科学院院士，1962年获得诺贝尔物理学奖。

兴趣需求、志向需求、使命感需求和价值观需求这四种需求是高阶需求，是自我实现的需求。高阶需求使战略科技人才的行为动力表现为一种内驱力，或者说战略科技人才的行为不是由外物驱动的，而是由内在的自我实现驱动的，不是获得性的，而是赋予性的。仅重视对战略科技人才采取物质获得性激励政策，就会出现物质性供给内卷而高阶供给匮乏，从而导致激励失灵的问题。正确的激励应该是提供高阶供给，使战略科技人才的内在需求得以满足。

三、需求转换

人的需求是由基本需求和高阶需求构成的，基本需求是为了维持生活的需求，高阶需求是发挥创造潜能的需求。当科技人才的基本需求没有得到满足时，基本需求是激励的主导因素，高阶需求对激励不敏感；当基本需求得到满足，特别是超过社会平均水平时，激励的主导因素从基本需求转换为高阶需求，即高阶需求上升为激励的主导因素，而基本需求对激励的敏感性下降。我们研究了中外200多位杰出科学家的科研动力机制，并结合对一些企业领军人才的调研，发现对于杰出科学家和卓越工程师来说，即使在基本需求未得到充分满足时，高阶需求也是激励的敏感因素。

案 例

钱学森人生的三次重大选择都是高阶需求主导的。第一次选择是在1932年，日本飞机疯狂轰炸上海，"一·二八事变"爆发，学习铁道机械工程专业的钱学森深感发展航空事业的重要性，于是决定留美学习航空专业，不造火车造飞机。第二次选择是在学习航空工程过程中，钱学森感到航空工程领域缺少理论指导，如果能掌握航空理论并指导航空工程，一定可以取得事半功倍的效果。于是他拜师冯·卡门，做出世界公认的原创性学术贡献，这两次选择主要是志向需求和使命感需求起的作用。第三次选择是在人生和学术的尖峰时刻，国家的需要使得他作出了人生的重大选择：从学术理论研究转向大型科研工程建设。于是他返回祖国，开创了我国的航天事业，这次主要是使命感需求和价值观需求起的作用。

研究科技人才需求转换的政策意义在于，在充分满足科技人才基本需求的基础上，把对战略科技人才的激励重点放在事业发展需求上，否则就会出现激励失灵。战略科技人才的行为主要不是由基本需求驱动的，而是由高阶需求驱动的。因此，不能把科学家当成由利益驱动的经济人，也不能把其当成由科层制驱动的公务员，而要把他们当作建设中国式现代化的创新引领者，充分满足他们的兴趣需求和志向需求，为实现他们的使命感需求、价值观需求积极创造条件，支持他们在科学上开辟新学科和学科新的增长点，在技术上开辟新领域和新赛道；而且还要完善战略科技人才参与经济社会发展的机制，充分发挥他们参与政治建设、文化建设、社会建设的积极作用，为中华民族伟大复兴和人类科学事业的繁荣做出重大贡献。

第二节　战略科技人才需求的阶段性

结合人才发展规律和职业生涯特征，战略科技人才的成长和发展大致可分为三阶段：一是职业生涯早期，即储备期；二是职业生涯中期，即快速成长期；三是职业生涯后期，即成熟期。在不同的发展阶段，战略科技人才所需的激励机制也有所不同。

一、储备期

在成为战略科技人才之前，通常要经历较长时间的科研储备期。这段时期战略科技人才还只是普通的青年科研人员，是刚刚从事科研不久的新人，但他们大多具有较高的学历背景，思维活跃、视野开阔，富有创造力、探索和挑战精神，更追求自我价值实现和个性的发挥。他们正处于职业生涯的起步阶段，对科研事业有较高的热情，具有强烈的成长和成就渴望，这些需求驱使他们努力工作、勇于创新、追求卓越。但是，他们也大多面临科研经验不足、成果较少、科研经费不足等困难，同时处于独立人生的启动期，对各方面的需求都比较迫切，既需要生活上的物质保障（薪酬收入），也需要学术上的进展（项目支持），更需要社会和同行的认可（职称晋升、奖励与荣誉）。

根据中国科学技术协会（简称"中国科协"）的调查，青年科研人员迫切想在个人收入方面有所改善。一位从事基础研究的青年博士指出，基础研究是个人兴趣所在，但收入与在企业工作相比差距很大，长期看来，家庭生活中房子、子女教育等现实问题都需要金钱来解决，急需提高收入水平。

另据中信所面向国家科技管理信息系统公共服务平台用户的调查显示，青年科研人员收入较低，几乎所有 30 岁以下青年科研人员都认为自己的收入水平在当地处在中层及以下；70.4% 的 30 岁以下青年科研人员对自己的收入不满意；59.3% 的 30 岁以下青年科研人员表达出更换工作的意愿，其最主要的原因是收入待遇差。

对处于储备期的战略科技人才的激励，要以满足其基本需求为主，同时兼顾高阶需求中的兴趣需求和志向需求。

二、快速成长期

处于快速成长期的战略科技人才通常已经经历了科研职业的早期生涯

或者获得副高职称，基本已经成为整个科研活动的中流砥柱。同时，他们正处在职业生涯发展的关键阶段，开始组建自己的科研团队开展独立研究，科研任务繁重，这段时间往往面临职称晋升、经费争取等多方面的压力与困难，因此具有强烈的紧迫感和责任感。调查研究显示，处于这一时期的科研人员（一般为副教授或副研究员）对自身的职业生涯发展满意程度略低于青年科研人员，杂事太多占用科研时间、收入过低和职称晋升困难等方面是造成其满意度较低的关键因素。由于科研人员职业发展过程的"累积效应"明显，在这一时期提供稳定的工资待遇、持续的项目支持、充分的项目管理自主权、便于潜心研究和持久攻关的环境等将是确保战略科技人才脱颖而出的关键保障。

对处于快速成长期的战略科技人才，其激励主导因素已经转变为以高阶需求为主，特别是其中的兴趣需求和志向需求。

三、成熟期

处于成熟期的战略科技人才通常已经成为各自领域中取得较大科研成就的高层次人才，大部分已经是知名教授、总工程师、首席科学家等。他们正处在职业生涯发展的有利地位，不像刚刚入行的青年科研人员那样为生计和研究经费发愁，更希望自己的学术影响力、名誉和地位能够得到社会认可，其相关研究能够著书立说。根据高阶需求理论，他们往往具有更强烈的心理和精神层面的需求，如探索发现科学真理的求知欲、自我价值实现的获得感和满足感、为社会做出更多贡献的使命感等。另外，研究还表明，受科研条件、工作自由度和自主性等因素的影响，处于成熟期的战略科技人才具有更高的职业流动率，这也反映出战略科技人才对科研管理和决策权具有更高的诉求。

对处于成熟期的战略科技人才，基本需求的激励作用基本消失，使命感需求和价值观需求是决定性的激励因素。

第三节　公立科研机构科研人员收入制度

收入是科研人员生活和发展的基本保障，是对各类科研人员进行激励的最基础最有效的手段之一。战略科技人才作为科研人员的一部分，对收入也有较高预期，特别是在战略科技人才的储备期和快速成长期阶段。公立科研机构具有很强的公共属性和政策性，其科研人员收入在很大程度上需要政府保障，我国的许多战略科技人才供职于公立科研机构，对其收入的研究需要置于公立科研机构科研人员收入情况的整体环境之下。本节重点对国外公立科研机构科研人员的收入进行研究，以期为我国公立科研机构科研人员收入分配制度改革提供参考。

一、采用年薪制，提供稳定且有竞争力的工资

在美英等发达国家，科研人员工资大多采用年薪制，这是因为科研工作需要较高的创造力，而且难于以类似计件的方式量化考核，短期内也常常无法看到成果，甚至有科研失败的风险，采用年薪制能为科研人员提供稳定的收入保障和收入预期。同时，年薪制在很大程度上是一种面向未来的分配制度，在确定年薪时十分看中科研人员所具备的科研能力和贡献潜力。因此，在美英等国家，一些常年没有显性科研产出的科研人员却能够安然地享受较高的年薪待遇。

美英等国公立科研机构科研人员年薪制采用的是类公务员模式，即以所聘职位等级或以职位等级加绩效为基准来决定年薪，其特点是上限封顶、下线托底，旨在保证科研人员衣食无忧，使他们能够心无旁骛地投入科研，同时不算太高的收入也能避免趋利者进入科研领域。从年薪标准来看，科研人员由于具有较高的教育背景和专业知识，一般处于公务员收入的中高端，高

级研究人员的收入一般是全国平均收入的 2～4 倍（表 2-1）。值得注意的是，美英公立科研机构的科研人员仅能按照年薪标准领取工资，拿再多的课题，也不能直接从课题经费中领取超出工资标准的报酬，这可以避免科研人员为获取收入而过多承揽课题的混乱现象。同时，美英公立科研机构执行"以岗定薪"的制度，只有经过严格的同行评议才能获聘某一岗位。以英国生物技术和生物科学研究理事会为例，其 G 岗（教授级）评定时，需要 4 位外部专家，其中至少两位是来自具有全球声誉且非英国本土研究机构的专家。

表 2-1　2022 年世界主要国家代表性科研机构科研人员收入情况

科研机构	中级研究人员		高级研究人员		高水平专家	
	收入区间 / 万元	与本国平均收入水平对比 / 倍	收入区间 / 万元	与本国平均收入水平对比 / 倍	收入区间 / 万元	与本国平均收入水平对比 / 倍
美国国家标准与技术研究院	53～88	1.5～2.4	76～122	2.1～3.3	105～122	2.9～3.3
英国研究与创新署	26～42	1.04～1.6	42～64	1.6～2.5	62～80	2.4～3.1
德国马普学会	44	1.2	54	1.4	/	/
日本理化学研究所	20～30	1.3～2	33～48	2.2～3.2	55～63	3.6～4.1

注：表中"中级研究人员"是指类似我国具有中级职称的研究人员，"高级研究人员"是指类似我国具有高级职称的研究人员，"高水平专家"是指类似我国研究机构负责人或具有特定头衔的专家，由于各国岗位级别分类不同，相关数据为估算数据，可能存在误差。

具体来看，美国公立科研机构科研人员参照公务员工资统一标准执行，根据美国人事管理局的文件，联邦雇员共分为15级，每级10档，大部分科研人员从第11级开始计算，基础年薪区间是5.9万～15.3万美元（约合40万～105万元人民币），在这部分标准年薪的基础上还将加上"地区调节工资"，即根据不同地区的雇佣成本系数在标准年薪的基础上再增加10%～35%。

二、工资构成以基本工资为绝对主体，绩效奖金为辅

目前，美英国家科研人员的年薪主要由基本工资、绩效奖金、津补贴等组成。从构成比例来看，固定的基本工资占绝对主体，占比高达70%～80%，浮动的绩效奖金只占2%～15%。例如，美国国家标准与技术研究院（NIST）允许的绩效加薪空间一般为基本工资的15%以内，并且岗位级别越高，加薪比例越低，高级研究人员和高水平专家加薪占比一般在基本工资的6%以内。英国研究与创新署（UKRI）及其下属研究理事会规定的绩效加薪空间也在基本工资的15%以内。

同时，为鼓励先进并鞭策存在问题的研究人员，美英国家大部分的公立科研机构也在谨慎推进绩效奖励制度改革，以实现对同一岗位级别上不同能力、资历和绩效的科研人员的区别对待，达到激励的目的。例如，NIST实行的宽带绩效工资制度效果较好。按照美国联邦一般工资（GS）表的规定，在实行宽带绩效工资改革前，NIST的科研人员被严格划定成15个工资级别，每一个级别设有固定的工资标准；改革后，原有的15个级别被划定成5个岗位工资带（类似宽带），各工资带又被划定出可浮动调整的5个区间，可根据绩效弹性调整工资（表2-2）。在这种制度之下，只要工作业绩出色，即使岗位级别不变，也能够得到满意的回报，甚至工资可能超过比自己岗位级别高的人。例如，岗位级别为Ⅲ的中级研究人员

如果能获得 2 级以上的工资带等级评定，其薪酬有机会超过岗位级别为Ⅳ的高级研究人员。

表 2-2　NIST 科学工程专业人员工资带区间
（纽约—纽瓦克—布里奇波特薪区，含地区加薪）

单位：美元

工资带等级	GS 范围区间				
	Ⅰ 1 ～ 6	Ⅱ 7 ～ 10	Ⅲ 11 ～ 12	Ⅳ 13 ～ 14	Ⅴ 15
1	31 305 ～ 44 430	52 002 ～ 69 363	76 961 ～ 96 055	109 690 ～ 135 830	152 469 ～ 163 061
2	44 431 ～ 54 274	69 364 ～ 82 384	96 056 ～ 110 375	135 831 ～ 155 436	163 062 ～ 171 004
3	54 275 ～ 60 836	82 385 ～ 91 064	110 376 ～ 119 922	155 437 ～ 168 506	171 005 ～ 176 300
4	60 837 ～ 62 661	91 065 ～ 93 796	119 923 ～ 123 520	168 507 ～ 173 561	176 300 ～ 176 300[①]
5	62 662 ～ 64 541	93 797 ～ 96 610	123 521 ～ 127 226	173 562 ～ 176 300	176 300 ～ 176 300

三、基本工资动态调整，绩效奖励柔性考核

工资的动态调整是使科研人员工资水平与社会工资水平保持合理关系的重要机制。国外大部分公立科研机构会参照市场变化对基本工资进行动态调整。例如，美国公立科研机构工资发放参照的公务员工资标准，每年会在工资调查的基础上，结合财政预算、物价指数、通货膨胀指数等情况进行调整。南非科学与工业研究理事会每年通过年度薪资调查等活动确定市场薪资水平，以市场薪资水平的中位值作为参考依据，确定和调整其各级别岗位薪资档次的最低薪资值、薪资中值和最高薪资值，以保持该机构

---

① 个人总工资封顶，即任何人在一个财政年度内累计领取的基本工资、奖金和津贴总额不能超过联邦政府行政首长 1 级（国务卿级别）的工资水平。

的竞争力。

科研人员绩效考核是一个世界性难题，如何在绩效评定时确保公平并最大程度上发挥激励的作用是不少公立科研机构设计绩效奖励制度时的核心考量。整体来看，国外公立科研机构重视采用相对柔性、定性的评价机制，不刻意强调量化的考核指标，即使科研项目短期内未取得较大进展，没有公开发表论文，只要同行评价结果好，就会被认定为有贡献。例如，德国亥姆霍兹联合会在个人绩效评估中完全不看"纯定量"指标，而是基于科研人员年度工作目标，从科研质量、工作投入、团队协作和专业应变能力四个方面评价科研人员，评价权重分别为 40%、30%、20% 和 10%。UKRI 下设的生物技术和生物科学研究理事会在对科研人员进行评估时，强调以科研人员实际贡献、潜在价值及促进机构目标实现为导向，在评价方法上不完全依赖定量指标，也重视定性的价值，会在进行综合评估后形成较为公允的判断。

四、具有吸引力的福利待遇

除工资性收入以外，住房福利、带薪学术休假、家庭支持等福利性津补贴和相关待遇也是各国公立机构科研人员收入的重要组成部分，同时也是衡量各国科研领域是否具有吸引力的重要指标。不少国家都十分重视为科研人员提供各种类型的福利待遇。

（一）住房福利或补贴

住房是科研人员，特别是青年科研人员最为关注的生活问题之一，为科研人员提供住房福利或补贴是世界主要国家激励科研人员的重要措施。印度科学与工业研究理事会规定其下属研究所要为所有科研人员免费提供宿舍，没有宿舍的研究所要为科研人员提供住房补贴，具体金额由各研究所决定。俄罗斯科学界在苏联解体初期面临严重的科研人员短缺，由于收入锐减导致年轻人不愿意从事科研事业，为激励年轻人立志科研，俄罗斯政府于 2011 年设立"俄罗斯青年学者住房问题"专项和"青年学者特殊住房贷款"试点项目，为 35 岁及以下的青年科研人员提供房贷利息，如有困难，地方政府还可承担首付，并允许科研人员集资建房。新加坡科技研究局为在该机构工作的外国博士后提供住房补贴，完全可以覆盖在当地的租房费用。

（二）带薪学术休假

学术休假制度源起于 19 世纪末的哈佛大学，是指教师服务于高校一段期限后的一种休整方式，其主要目标是通过休假学习提升教学水平和科研创新能力。如今，学术休假在不少国家和地区的高校和科研机构已经制度化。例如，在印度科学与工业研究理事会工作满 6 年的科研人员可享受 1 次不超过 1 年的全薪学术休假，可出国进行学习或进修；工作满 3 年且有需求全时进修学习或攻读高一级学位的科研人员可申请 2 年的学术假期，期间可享受半额工资。

（三）家庭支持

对家庭成员的支持是科研人员选择科研所在国和所在单位的重要考量，不少国家和地区都重视在这一方面做好配套支持。德国洪堡基金会十分重视为其各类资助计划配套良好的福利条件，充分考虑科研人员及其家庭成员在居住、医疗、社会融入（语言培训）等方面的需求。例如，"洪堡研究奖"为受资助人员的家庭成员匹配的主要福利待遇包括：往返德国的机票费用；为配偶提供 2～4 个月的德语学习奖学金，含培训费、住宿费和早餐费用，另有每月 610 欧元的补贴；为配偶和 18 岁以下孩子提供医疗保险补贴；为家庭成员提供在德生活补贴，配偶每月 276 欧元，每个孩子每月 219 欧元；在受资助期间，允许休产假以及暂时中断项目照顾孩子，当孩子未满 12 岁时最多可申请中断 18 个月。日本于 2020 年制定了旨在强化研究能力和支持青年研究人员的综合措施，提出要完善大学和科研机构内的保育设施，以应对研究人员育儿期间的各类需求。印度科学与工业研究理事会为所有雇员的子女提供最长达 3 年的助学金。

五、博士生补贴

博士生是未来的科研人员，但由于是学生身份，大多没有固定薪资收入，通常也没有项目支持，属于正式科研人员的研究助理。为激发博士生的创造热情，世界主要国家高度重视对博士生进行资助，确保其收入能够满足基本生活需求，使其安心做好科研助理，为未来启动个人研究做好准备。

美国对博士研究生的资助主要有奖学金、助学金（助教津贴、助研津贴、差旅津贴、补助金等）、学校贷款、学位论文津贴、培训费、学杂费减免等，其中奖助学金是博士生的主要收入来源。以学术型博士生为例，自 1999—2000 学年以来，赠款（包括奖学金、学费减免和雇主资助等不用偿还的资助）和助研、助教津贴是其获得资助的主要渠道，二者比值约为 1∶1（各 40% 左右），另有 15% 左右的资助来源于贷款。在顶级研究型大学，博士生获得助研津贴的比例极高。例如，2004—2005 学年普林斯顿大学博士生的学费为 30 720 美元，担任研究助理的研究生在没有通过普通检查的情况下可以获得 18 200 美元的补贴，在通过普通检查的情况下则可获得 19 200 美元的补贴，分别占其学费总额的 59.2% 和 62.5%，这极大地减轻了学生的负担。

英国博士生学费较高，主要资助来源为奖学金、助教津贴、助研津贴、贷款等。整体来看，在英读博获得奖学金较为困难，整体占比不超过20%，成为研究助理获得津贴是更为容易的途径。以剑桥大学为例，无博士学位的研究助理起薪点是时薪 14.01 英镑，每周工作不超过 20 小时，如果按每周工作 20 小时、每月 4 周、每年工作 10 个月计算，那么一个在读博士生获得的年度研究津贴约为 11 200 英镑，而剑桥大学的学费为20 000 ～ 23 000 英镑，研究助理津贴能够占到学费的一半左右。

日本长期实行"博士生收费加贷学金"的资助政策，在读博士生主要通过日本学生资助机构、社会财团及地方政府提供奖助学金获得资助，同时也有一些博士生能够通过担任导师的研究助理获得津贴。但近年来，日本越来越多的学生担心博士课程期间的生活费及就业问题，申请博士课程的学生越来越少，这让日本政府感受到了危机。为推动更多日本年轻人攻读博士学位，培养社会需要的博士人才，日本政府出台了一系列计划项目，不仅为在读博士生，也为博士毕业后刚刚踏入职场的人员提供资助，包括生活资助和研究资助。

①"（一般）特别研究员"项目，于 1985 年启动，支持对象为年龄在 33 岁以下具有日本国籍（或在日本有永久居住权）的在读博士生或毕业生，旨在为优秀青年研究人员提供保障，让他们能够发散思维，自主选择课题，并专心研究。具体资助类型、资助周期和资助金额等详见表 2-3。

表 2-3　日本"（一般）特别研究员"项目资助详情

类别	申请资格	资助周期	生活费	研究费
DC1	博士在读学生（当选那年的 4 月 1 日就读于博士一年级的学生）	3 年	每月 20 万日元	每年不超过 150 万日元
DC2	博士在读学生（当选那年的 4 月 1 日就读于博士二年级及以上的学生）	2 年	每月 20 万日元	每年不超过 150 万日元

续表

类别	申请资格	资助周期	生活费	研究费
PD	获得博士学位未满5年者	3年	每月36.2万日元	每年不超过150万日元
CPD	强化国际竞争力研究员，从PD录取人员中选拔出的优秀人员	5年	每月44.6万日元	每年不超过300万日元
RPD	取得博士学位并在过去5年内因生产或育儿而中断研究工作的研究人员	2年	每月36.2万日元	每年不超过150万日元

②"下一代研究者挑战奖学金"项目，于2021年新设，资助对象为预计于2021年4月升入博士课程的30岁以下且没有获得其他公共资助的学生，旨在对有自由想法并有志进行挑战性研究的所有年级的博士在读生提供生活资助和研究资助。由于项目要求大学以"项目"的形式提出申请，资助经费将划拨至通过评审的大学，然后再由大学分配至学校内提出申请的博士生，因此，各学校学生获得的资助额并不完全一致，但年资助额均为220万～290万日元。以筑波大学为例，针对特别优秀的学生（约25%），年资助额为290万日元，包括240万日元的生活费和50万日元的研究费；针对优秀学生（约75%），年资助额为272万日元，包括222万日元的生活费和50万日元的研究费。其中，研究费可用于海外出差、购买实验用品、发劳务工资等。2021年，共有5811位在读博士生获得资助，占当年入校博士生的三分之一以上（2021年博士入校人数为1.5万左右）。

③"促进科技创新的大学科研奖学金"项目，于2021年新设，资助对象为就读于博士课程后期（博三以上）的30岁以下且没有获得其他公共资助的博士生，获得资助的学生每年能够获得200万～250万日元的资助，包括生活费和研究费，其中生活费至少在180万日元以上。该项目分

为"自下而上型"和"指定领域型"两类，均需由大学提出申请，其中，"自下而上型"由各大学自己提出奖学金的使用领域，以支持相关学生进行创新；"指定领域型"为政府指定的信息与 AI、量子、材料三个国家急需人才的领域。学校可在这些类型中自由申报，相关经费将划拨至大学，再由大学分配至学校内提出申请的博士生。该项目计划每年资助 1000 名左右的博士生，2021 年共资助 1065 人。

第四节　对科研人员的非物质激励

虽然工资等物质性收入对科研人员具有较好的激励效果，但根据科研人员的需求特点及其阶段性，他们（特别是战略科技人才，在国外称作杰出科技人才）往往具有更高阶的需求，如好奇心的满足、责任和使命的履行、荣誉感的获得、价值观的实现等。这些高阶需求使得战略科技人才的行为动力表现为一种内驱力，或者说战略科技人才的行为不是由物质驱动的，而是由内在的自我实现驱动的，不是获得性的，而是赋予性的。因此，不少国家高度重视创造条件或搭建平台，使杰出科技人才的高阶需求能够得以满足。

一、杰出科技人才参与政府决策制度

杰出科技人才在自身学科研究领域长期积累出大量的知识和经验，是其所在领域或行业的翘楚，对相关学科、技术或产业发展趋势的把握非其他人员（包括政府官员）所能及。同时，杰出科技人才往往也具有为国排忧解难、为国效力的使命感和责任感。因此，世界主要国家都非常重视支持杰出科技人才参与国家经济社会发展的重大决策。

美国设有十分成熟的"旋转门"制度，即人才可以在政府、企业和学术界之间跨界穿梭任职、双向转换角色的机制。从国家管理的角度来看，通过"旋转门"制度，美国政府和国会能够吸引大量杰出科技人才和企业家参与决策，并周期性地更迭轮替，能在最大程度上、在特定时间特定领域引进最需要的人才。例如，美国白宫科技政策办公室（OSTP）是美国联邦政府科技决策的核心部门之一，主要职责是向总统提供关于国家关注领域的科技数据和分析，协调联邦科技政策的制定和实施，其主任和主要成员大多是来自各学科领域的杰出科技人才。特别是，拜登还将 OSTP 主任一职首次提升至内阁级别，目前该职位由美国国防高级研究计划局（DARPA）前主任 Arati Prabhakar 担任。另外，美国国会下设的委员会和政府各部门还设有首席科学官、首席技术官、首席安全官等职务，也大多由在各行各业拥有丰富经验的杰出科技人才担任。例如，美国参议院最新成立的新兴技术国家安全委员会的主任就由合成生物技术领域新兴企业 Ginkgo Bioworks 的首席执行官 Jason Kelly 担任。

另外，不少国家还设有"首席科学家"制度，用以主导或协助政府进行科技决策。以色列于 1968 年设立"首席科学家"制度，其运作方式是在政府主要部委（如经济部、农业部、环境部）中设立"首席科学家办公室"，负责本部门科技创新发展相关事务，且具有决策主导权，能够围绕国家重大需求与阶段性发展战略，发布国家科研计划、配置研发资金，设定研发专项，并进行项目管理。"首席科学家办公室"通常由首席科学家、副首席科学家、首席科学家秘书和联络办公室主任等成员组成。澳大利亚于 1989 年设立"首席科学家"制度，旨在推动杰出科技人才就整个政府的科学和技术优先事项提供权威和独立的科学建议。例如，上任首席科学家 Alan Finkel 在任期间推动了澳大利亚国家氢能战略的制定，现任首席科学家 Cathy Foley 推动了国家量子战略的制定。

二、杰出科技人才培养人才制度

杰出科技人才经过多年的学术积累，大多形成了独特的研究能力、研究方法和学术网络，能够在人才培养方面发挥重要作用。对诺贝尔奖获得者成长道路的研究表明，获奖人与名师之间存在大量师承关系。因此，各国都高度重视利用杰出科技人才进行青年人员培养，在这一过程中，杰出科学家也能获得为国家发展贡献力量的荣誉感。

在美国，大学教授都有"传道授业解惑"的使命感，在他们看来，所有的学生交了费都是来享受他们受教育的权利的，而教授则是提供这种服务的。因此，无论是诺贝尔奖获得者、院士，还是顶级论文的发表者，教书对他们来说都是第一使命，他们每学期都会开设 1～2 门（多则 3～4 门）面向本科生的课程。除教书外，他们还会每周安排 5～10 小时的办公室答疑时间，一对一地解决学生遇到的各种问题。

在加拿大、俄罗斯、日本等国杰出科技人才在项目研究过程中也十分重视青年人员的培养。加拿大"首席研究员计划"资助的研究人员会组建包括本科生、硕士生、博士生、博士后、研究助理等在内的多元化研究团队，在项目实施过程中会为学生和青年研究人员提供各类培训机会并指导他们制订自己的研究计划，以使所有项目成员都能充分发挥研究潜力。俄罗斯"巨额资助计划"资助的研究人员在组建实验室或研究团队时会配备 50% 以上的青年人员（含本科生和硕、博士生），并为他们提供科研指导。日本"国际先端研究项目"资助的研究人员在组建研究团队时会配备多名博士后和在读博士生（数量是专职研究人员的 3 倍以上），并帮助他们构建交流网络，促进其职业发展，同时还会划拨部分经费支持他们开展独立研究。

三、社会与政府的科技奖励制度

科技奖励是对科学发现的褒奖，是对科研人员以往积累的一种认可和承认，对于激励科研人员不断创新发挥着不可忽视的作用。经过近一两百年的发展，世界主要国家大多形成了比较完善的科技奖励体系，并重视由民间社会进行学术成就奖励，由政府进行荣誉性奖励，二者良性互动，优势互补。

（一）由民间社会进行学术成就奖励

当前，很多国家的社会奖项在数量上远高于政府奖项。例如，在美国仅自然科学学会就设立了超过 3000 项奖励，远超美国政府科技奖励的数量。从奖励对象来看，社会奖项主要奖励在某一特定领域取得突出学术贡献的个人或团队（以个人为主），如全球最知名的"诺贝尔奖""图灵奖""爱因斯坦科学奖""麦克阿瑟天才奖"等。在奖励方式上，社会奖项大多采用物质和精神奖励相结合的方式，并以物质奖励为主，强调对科研人员提供资金和生活方面的保障。例如，"诺贝尔奖"的奖金为 1000 万瑞典克朗（约 110 万美元）、"图灵奖"的奖金为 100 万美元。另外，有不少社会奖项是一种事前奖励，奖励的是具有发展前景的科研成果或人才。例如，"麦克阿瑟天才奖"的奖金为 80 万美元，奖金的使用不附带任何条件，其核心是为科研人员提供生活上或研究上的资金保障，让他们能够更自由地继续研究探索。

（二）由政府进行荣誉性奖励

政府科技奖项是一国政府为鼓励或推动科学技术工作以政府名义设立的奖项，具有崇高的荣誉性。这是因为政府奖项自身具有稀缺性，即奖励人员的总量很少，有的奖项在每个学科仅奖励 1～2 名人员，同时政府奖项大都由国家元首亲自批准和颁奖，代表了国家元首的承认和充分肯定。当前，世界主要国家几乎都设立了国家级的政府科技奖项。例如，美国的"国家总统科学奖""国家总统技术奖""波特曼奖"、英国的"女王技术成就奖""女王环境成就奖""女王工程奖"、德国的"联邦总统技术与创新奖""未来奖"、俄罗斯的"国家科学技术奖""政府科学技术奖"。从奖励方式上看，在这些奖励中有的是纯荣誉性的精神奖励，如美国的"国家总统科学奖""国家总统技术奖"、英国的"女王技术成就奖""女王环境成就奖"；有的是精神与物质相结合的奖励，如英国的"女王工程奖"（获得者奖金为 50 万英镑）、俄罗斯的"国家科学技术奖"（获得者奖金为 1000 万卢布）等。

四、退休科研人员的开发和使用

随着全球人口老龄化程度逐渐加深，发达国家的经济和社会发展面临空前考验，伴随科技创新的飞速发展，高端科技人才紧缺的局面愈发显现。因此，不少国家重视多措并举发挥退休科研人员的作用，以期改善科技人才不足问题。

日本是全球老龄化最严重的国家，高度重视鼓励退休科研人员继续发挥作用，主要措施包括：通过延长退休年龄、返聘等方式，保障有意愿的人员可以工作到 65 岁乃至 70 岁以上，且允许他们继续申请科研经费；搭建供需对接平台，支持有能力的退休科研人员为有需求的企业或学校提供指导或讲学；派遣退休科研人员赴发展中国家进行技术援助，民间也成立了日本花甲志愿者协会等机构，组织退休科研人员赴发展中国家进行短期志愿活动。韩国在《第四期科学技术人才培养与支持基本计划（2021—2025）》中也指出要加大对退休杰出科研人员的使用，主要措施包括：鼓励已经退休的杰出科研人员发挥余热，支持其为中小企业提供咨询服务，参与"生活科学教室"等公益活动；面向准退休人员提供职业生涯后期设计咨询服务，支持其在退休后进入不同领域（研发、咨询、演讲、写作等）贡献力量。

第五节 激励政策建议

根据研究，战略科技人才的成长规律性十分明显，在不同的发展阶段存在不同的激励需求，有必要按照其成长需求匹配适宜的激励政策。对于处于储备期和快速成长期的青年人才，需重点做好物质激励；对于处于成熟期的战略科技人才，需重点做好满足其高阶需求的非物质激励。根据国际经验，本节提出以下具体建议。

一、建立以岗位为基础、能力为根本的科研人员年薪制度

收入分配不规范、收入差距过大和具有灰色收入，是我国包括公立科研机构在内的许多事业单位存在的问题。我国公立科研机构科研人员工资制度改革的一个关键是分区域明确各级岗位科研人员的工资标准。从国际实践和经验来看，推进工资收入标准化应是我国公立科研机构科研人员工资收入分配改革的方向，年薪制是达成这一目标的有效途径。

对此，建议构建以岗位为基础、能力为根本的科研人员年薪制度，在进行目标年薪设置时，要充分考虑地区经济发展水平和生活成本的差异，以及不同层次、类型、领域的科研机构和科研人员的差别，并注重动态调整。考虑到现阶段我国发展实际，立刻大范围启动年薪制是不现实的，建议优先在基础研究和公益研究单位设立创新岗位，实行年薪制，

使这些不易获得项目收入的科研人员能够通过基本年薪获得较好的物质保障，安心研究。

二、改革公立科研机构科研人员工资结构，建立以基本工资为主、绩效工资为辅的工资制度

当前，我国公立科研机构基本上实行"三元工资体系"，即基本工资＋岗位津贴＋绩效收入，其中基本工资占比不超过30%，各种性质的绩效奖励和津补贴占到30%～60%，后者大多来自承接课题的经费。这种工资结构模式直接导致科研人员群体内部收入差距过大，那些有专业优势或个人关系的科研人员通过承接多个委托课题能够获得更多的绩效收入，而基础研究和公益研究部门的科研人员很难获得绩效收入，其工资收入就比较微薄，这与其智力付出和社会贡献并不匹配。

建议借鉴发达国家的做法，进行工资结构调整，大幅提高岗位工资和薪级工资（合称基本工资）在科研人员收入中的比重，最高可达70%～80%，降低绩效工资和津补贴比重，以使科研人员仅依靠基本工资就能维持与其智力付出和社会贡献相符的、体面的生活标准，而使绩效工资仅发挥精神激励作用，让科研人员把精力聚焦到岗位履责、使命完成和重大创新上。同时，在对科研人员进行绩效评价时，要摒弃全量化的绩效考核方式，使科研质量和科研能力成为衡量科研人员绩效的首要标准。对于挑战性强、产出周期长的科技创新活动，重点考察科研人员的胜任力、创造力和工作勤勉表现，不刻意强调产出和结果，宽容失败。

三、为青年科研人员提供更好的工资待遇和福利

青年科研人员不仅处于科研生涯的启动期，同样也处于独立人生的启

动期，面临着买房、结婚、育儿等多重个人需求。根据中国科协第四次全国科技工作者状况调查，59.7%的青年科技工作者认为自身收入水平较低，其中39.7%认为收入在当地处于中下层，20%认为处于下层；46.3%的青年科技工作者表示因为收入待遇差想换工作或换职业。

因此，提高青年科研人员收入并提供更好的福利待遇迫在眉睫。建议提升青年科研人员工资收入，使其收入水平与其贡献相当；强化面向青年科研人员的廉租房等专项津补贴等政策；推动推行带薪学术休假制度，鼓励青年科研人员赴海外开展学术交流与合作，提升科研人员学术和综合能力；加大对青年科研人员家庭成员的支持，特别是要为其子女提供良好的入学保障。

四、完善杰出科技人才参与经济社会发展的机制

培养和使用杰出科技人才既是我国实现科技自立自强和国家创新发展的重要保障，也是我国面临的紧迫任务。未来，我国不仅要在经济主战场上让杰出科技人才承担重大科技任务，还要更广泛地激发他们参与政治建设、文化建设、社会建设的积极性，为经济社会发展贡献聪明才智。对此，建议：进一步丰富杰出科技人才建言献策的渠道，完善其诉求表达机制、建议采纳机制和沟通反馈机制；把向杰出科技人才的咨询纳入各级政府决策程序；聘请杰出科技人才兼任政府参事室、政府咨询委员会、高端智库有关职务，吸收他们参加国家、行业和地方发展战略研究；赋予杰出科学家培养青年科研人员的责任，并把杰出科技人才培养人才纳入国家人才工作程序。

五、完善社会奖励与政府奖励互为补充、互相促进的科技奖励体系

当前，我国虽已建立了比较全面的科技奖励制度，但仍存在一些不足，如民间奖项较少、政府奖励以奖励项目为主导致而对人的激励不够、政府对青年科研人员的奖励不够等。建议有关部门：出台鼓励性措施，支持企业等民间机构或团体等设立奖项，与政府奖励互为补充，并重点进行学术成就奖励；探索更多以奖励人物为主的奖项，并加大宣传力度，切实提高获奖人员的获得感和荣誉感；加大事前奖励的应用，特别是针对青年科研人员的奖励，要适当考虑向其提供一定的用于稳定其生活或科研的经费。

六、加强对退休科研人员的开发和使用

根据中国科协面向退休科技工作者的问卷调查，1432 份问卷分析结果显示，83.66% 的退休科技人员希望退休后继续发挥"余热"，愿意在科普领域多做贡献，参加学术活动和国际交流，并依托自身资源优势举荐青年科技人才。我国正处于科技创新蓬勃发展时期，加大对退休科研人员的使用具有重要意义。建议有关部门：重点做好杰出科学家工作，发挥其在学术界的影响力和号召力，如发挥桥梁纽带作用组织高层次国际学术交流；搭建平台，支持有意愿的退休科研人员开展技术指导、科普、讲学等社会活动；结合国家科技外交政策，派遣有意愿的退休科研人员赴发展中国家进行技术援助。

（执笔人：张丽娟、郭铁成、袁　珩）

第三章
以人为核心的项目形成和管理机制

在科技跃升时期，传统的以追赶为目标的科研攻关模式已不再适用，政府需要资助开创性的基础研究和颠覆性技术研发，探索新型项目形成机制势在必行。

国际"科研无人区"的实践中，一些管理机构探索了以人为核心的项目形成和管理机制。其出发点主要有两个：一是科学家是科技活动的主体，他们用自己的研究业绩说话。通过项目资助，要实现科学家与其研究业绩的正向、循环迭代。二是开创性的基础研究和颠覆性技术研发具有很强的不确定性。科学问题的凝练、研究方向的选择，归根到底要依靠科学家。在未知性面前，如何发现或不遗漏科学家的闪光思想，在同行之间形成共识，或者非共识情况下如何资助，是机制设计需要解决的难题。

本章对国际上典型的项目形成和管理机制及其案例进行了研究，包括：开创性人才资助、科研定制资助、随机资助、科研举荐资助、科研生涯资助、会聚研究资助、创新自荐资助、平均资助。

第一节 开创性人才资助

开创性人才资助适用于"无人区"研究，围绕原始创新探索性强、挑战性高、研究周期长、不确定性大的特点，通过长期稳定支持、创新考核方式，实现对"开拓者"的资助。美国作为科技引领型国家，在基础研究领域实践了对开创性人才的资助，如霍华德·休斯医学研究所（HHMI）的休斯研究员计划等。

一、休斯研究员计划的遴选机制

HHMI 是美国最大的私营生物医学研究机构之一，创立初衷是"探索生命的起源"，主要资金来源为永续基金的投资收益。休斯研究员计划是 HHMI 支持的旗舰性项目。HHMI 对研究员的定义是"开拓者"，他们提出的科学难题，可能需要很多年才能找到答案，甚至永远找不到；但他们实践创造性想法，运用新研究模型、新研究方法或新研究工具。该计划每 2～3 年在美国境内开放申请，每次支持 30 人左右。

要想被选中为休斯研究员，申请人需要经过严格的同行评议，审核周期长且通过率低。以最近一期已结束的评选为例，2019 年 10 月 22 日开放申请，2020 年 9 月 2 日结束申请，2021 年 4 月公布初审结果。最终申请通过率约为 4%。

申请资质。申请人须同时满足的条件：博士学位，助理教授及以上职称，5～15 年研究经验，以主要人员身份参加过 3 年以上国家级项目等。

申请材料。申请人提交的材料包括：个人履历，过去 5 年的研究成果（不超过 3000 字），5 篇突出的论文，未来研究计划（250 字）。可以看出，休斯研究员的遴选维度包括"前向"和"后向"。评"前"，看前期他们取得的研究成就，以确保选出的科学家具有非凡的能力和创造力；评"后"，看后期他们的研究思路，需具备挑战性和独创性。

评审流程。评审将经过三轮，每轮淘汰率保持在 50% 以上。第一轮为专家组对申请材料进行评议，专家组由现任休斯研究员组成；第二轮是举行研讨会对申请材料进行评议，评价工作由 HHMI 的两个外部顾问团队——医学顾问委员会和科学审查委员会负责；第三轮是申请人汇报，由 HHMI 的管理团队做出最终决定。

评审团队。HHMI 下设内部管理团队和外部顾问团队，他们参与遴选考核和任期评价。

内部管理团队由高级领导层和 3 个业务部门领导、8 个职能部门领导组成。现任总裁 Erin O'Shea 是麻省理工学院化学博士、美国国家科学院院士，曾任哈佛大学系统生物学中心主任。业务部门领导均为原休斯研究员转岗。职能部门领导大多拥有在两个以上机构从事管理工作的复合背景。

外部顾问团队有两个。其中，医学顾问委员会现有成员 13 人，包括诺贝尔奖得主、研究所总裁等知名学者或管理人员，现任主任 Bruce Stillman，冷泉港实验室总裁。科学审查委员会成员 26 人，多为美国各名校或研究所的教授、研究员，现任主任 Diane Mathis，哈佛大学医学院病理学教授。横向对比 2011 年和 2021 年这两个顾问团队的人员构成后发现，医学顾问委员会的离任率为 54.5%，科学审查委员会的离任率为 85.2%。高离任率保证了外部专家团队的活跃性和各研究方向成果审核的先进性。

二、休斯研究员计划的评价机制

休斯研究员虽然申请通过率仅在 4% 左右，但续期考核通过率却达到

80% 左右。为了鼓励探索未知领域，该计划实行长周期考核，不要求每年开展。

评审材料。研究员提交的考核资料包括：研究进展报告，5 篇任职期间论文，未来研究计划，过去十年其领导的实验室中就职的博士与博士后现状，其他培育人才与服务人才的贡献等。

考核标准。议题重要性：识别、发现重大生物学问题。革命性：将其选择的领域推进到新研究前沿。研究方法创新性：开发新工具、方法和资源。跨学科：将基础生物学或物理学与医学研究结合起来。原创性：在创造性方面具有巨大潜力。这 5 条标准重点考核"开拓性"和"跨学科研究"。其中，第 1～4 条对应"任期内成就"，第 5 条对应"未来贡献潜力"。即使被考核研究员在任期内没有取得目标研究成果，但只要表现出足够的潜力和创造性，也有机会续期。

考核流程。研究员递交材料后，分为以下几步进行考评：本人 35 分钟述职；评审专家组 20 分钟提问交流；评审专家组召开会议，协商达成一致意见后推荐给管理层；管理层参照专家推荐意见，最后确定是"续聘"还是"淘汰"。

考核团队。评审专家组主要由科学审查委员会、医学顾问委员会和另外的专家小组（包括学识渊博的跨学科专家、熟练掌握科学研究技能评价的专家）组成，每位专家给被考核研究员进行"去"或"留"的投票。

三、休斯研究员计划的管理机制

HHMI 与休斯研究员是雇佣关系，在保留研究员原机构学术职位的基础上，向其提供薪酬、实验室和设备资助。

长期支持。HHMI 向休斯研究员提供长期稳定支持。资助周期原来为

5 年，自 2018 年起延长为 7 年，考核通过后可续期。若未通过，将为其提供为期 2 年总计 50 万美元的过渡期资助，保证其研究工作不会中断。据统计，现任休斯研究员平均资助时长为 15.7 年，获得诺贝尔奖的休斯研究员平均资助时长为 23.5 年。

充足支持。HHMI 向休斯研究员提供足够多的经费，让他们心无旁骛开展研究。经费由三部分组成。①薪资：研究员平均工资为每年 18 万美元，受地区、经验年限、学位、获奖情况影响上下浮动，总体在美国非常具有竞争力。②预算费用：用于实验室运营等，2021 年人均预算为 900 万美元 / 7 年，2018 年为 1000 万美元 / 7 年。③非预算费用：用于另行申请购买或租赁大型设备等。

保证科研时间。HHMI 要求研究员专注于学术研究，确保必要的科研时间投入，包括：用于直接研究的时间不少于 75%，其他时间可用于教学、咨询等。如要从事企业资助的科学研究或为企业提供咨询服务，需要经过 HHMI 的审查，只有与 HHMI 的宗旨、目标一致才被允许。此外，休斯研究员在聘任期间如果担任了行政职务，则需启动退出程序。

四、休斯研究员计划的资助效果

截至 2023 年年底，休斯研究员中有 34 人获得了诺贝尔奖。麻省理工学院以休斯研究员计划和美国国立卫生研究院（NIH）的 R01 计划为例，对人才资助和项目资助的效果进行了对比研究。R01 是 NIH 的主要项目类型，通常支持期限为 3 ~ 5 年。研究结果表明：

休斯研究员发表的高水平论文多于 R01 项目负责人。以他引次数前 5% 的论文数量为评价标准，前者平均有 54 篇，而后者为 24 篇。

休斯研究员的论文影响范围更广，相比 R01 项目负责人，他们的论文被更多不同类型的期刊录用。

休斯研究员"带队伍"的能力更强，以培养早期职业科学家为评价指标，该指标即为 Early Career Prize Winner，ECPW，休斯研究员平均每人培养出 1.13 名 ECPW，而 R01 项目负责人只有 0.23 名。

休斯研究员创新能力更强。以发表论文的关键词是否新颖作为评价指标，休斯研究员敢于冒险和大胆探索，更倾向于研究前沿问题。

因此，与项目资助模式相比，以休斯研究员计划为代表的人才资助更能激发研究人员的创造力。这是因为，项目资助要求明确的研究目标和研究路径，科研人员的研究兴趣要让步于项目的可获得性和可实现性。相反，人才资助通过长期稳定支持和宽松管理，更有利于实现突破性创新，历练出大科学家。

第二节　科研定制资助

科研定制资助不设项目指南，由研究人员自行发掘研究主题，经过评审或磋商形式向政府定制科研项目。这种做法适用于面向未来的"无人区"研究，符合战略科学家开创性的思维特点，适用于自由探索、原始创新、重大创新，能够开辟新领域、新赛道。法国探索型重点研究设备与项目探索了由科研人员"定制"研发主题的模式，以充分挖掘一线科学家的新概念和新创意。

一、法国探索型重点研究设备与项目的主题定制

"探索型重点研究设备与项目"是"重点研究设备与项目（PEPR）"

的类型之一。PEPR 于 2021 年 9 月在法国政府《第四期未来投资计划》的框架下设立，目标是从法国或欧洲层面选定事关法国未来的重点领域，在技术、经济、社会、健康、环境等方面推动变革，建立或巩固法国的科学领导地位。

PEPR 分为战略型和探索型两类，两者的主要区别是项目主题形成模式不同。战略型 PEPR 由法国政府指定项目主题，主要是《第四期未来投资计划》选定的未来领域。而探索型 PEPR 则试点科研人员"定制"项目主题的模式，由科学家自由申报选题，是法国政府在国家重大科技计划中进行的全新改革。

PEPR 在《第四期未来投资计划》框架下将获得 30 亿欧元资助，其中 20 亿欧元用于战略型 PEPR，10 亿欧元用于探索型 PEPR。探索型 PEPR 预计资助 20 个项目，第一批已资助 4 个，分别是：开发创新型、高性能、可持续发展的原材料，8 年 8000 万欧元；陆地生态系统中的碳循环轨迹，服务于碳中和目标，6 年 4000 万欧元；利用 DNA 与人造高分子化合物存储大数据，7 年 2000 万欧元；保护水资源，10 年 5300 万欧元。

探索型 PEPR 首次试点"定制"模式，不预设指南，允许申请者自由选择项目主题。其主要特点是：

将自由申报作为基本原则。相比政府管理者和决策者，一线人员更能实时、准确把握全球前沿技术发展的脉搏和趋势。因此，探索型 PEPR 将通过自由申报模式充分调动科研人员的敏锐性和前瞻性，及时侦测新兴重点，提高国家重大计划的决策水平。

提供参考主题作为必要补充。考虑到这是 PEPR 首次推行自由申报模式，申请者可能缺乏相应的经验，法国政府为此公布了多个选题作为参考，帮助他们明晰选题方向和遴选标准。参考选题包括：公共卫生；精神健康；生物多样性与气候变化；生态健康；生物、环境与社会数学；行为科学；

全球化世界中的公共决策评价；先进材料与工艺，特别是受到生物和仿生学启发发展的新技术。

二、法国探索型 PEPR 的遴选程序

1. 初选

初选工作由法国国家科研署（ANR）和跨部际创新委员会执行委员会负责。

初选阶段面向法国科学界公开征集项目主题。希望申请项目或成为项目牵头单位的科研机构，需要向 ANR 提交申报书。探索型 PEPR 的重要目标之一，是在尽可能大的范围内动员科研共同体，以提高国家在相关领域的科研组织能力。因此，多个机构可联合申请项目，但为方便项目的协调与推进，国家将为每个项目指定一个（或多个）牵头机构。一般情况下，牵头机构应为国立研究机构，必要时也可由公立高校担任。

申报书主要内容包括：拟申报项目的主题及研发内容；对工业、经济、健康、环境、社会等的潜在影响；拟担任项目牵头单位的机构，及其在该领域的科研活动、影响力，拟采取的管理模式。

初选工作分为两个环节：首先，ANR 合并重复的项目申请，征求各个申请机构的意见后确定合并后的项目牵头机构；随后，跨部际创新委员会执行委员会审查项目是否符合初选标准，符合要求的进入复选。

2. 复选

复选工作由国际评审委员会负责。

进入复选的项目需要提供更为完整的申请材料，国际评审委员会审核后，形成建议资助项目初选名单。必要时，国际评审委员会可要求申请机构答辩。

复选标准涵盖三方面的内容。

科学方面：法国在该领域的研究优势与劣势；项目的科学前景，如未来目标、能够解决哪些科学瓶颈、与该领域国际发展前景的比较等。

执行方面：研究计划，包括研究内容、研究方法等；承诺投入的配套资源，如资金等；考核指标，包括阶段性里程碑与最终目标；项目牵头单位与其他参与机构的合作协调机制等。

战略影响方面：目标成果对经济与社会的潜在影响等。

3.终选

在建议资助项目初选名单的基础上，跨部际创新委员会执行委员会将进一步考察项目是否能够推动国家科学与技术能力的发展，在咨询法国投资总秘书处与高教研创部意见后，向总理提交建议资助项目终选名单，并由总理作出最终决策。

三、法国探索型 PEPR 的国际评审制度

探索型 PEPR 的国际评审委员会共 14 人，包括主席 1 名（表 3-1）。

国际评审委员会委员具有广泛的国际化背景。委员主要来自意大利、英国、德国、挪威、比利时等欧洲国家，共计 8 位；其中 4 位来自北美的加拿大和美国。另外，亚洲和非洲各有 1 位委员，分别来自以色列和塞内加尔。

一些委员来自法语地区或者具有法国留学或研究经历，非常熟悉法语文化和法国科研环境，能够作出符合法国实际需求的决策。例如，评委会主席 Rémi Quirion 来自加拿大法语地区魁北克，经常以首席科学家的身份代表该地区开展包括对法交流在内的国际科技合作。来自法国前殖民地的塞内加尔原高等教育、研究与创新部部长 Mary Teuw Niane，曾于法国留学和从事研究。

所有委员都拥有卓越的研究能力，从事过高水平的科研活动。8 位委

员来自知名高校，6位委员来自高水平研究院所，包括一名国家级院士（塞内加尔数学家 Mary Teuw Niane）。

很多委员具有科研领导经验和科研资助机构管理经验。Rémi Quirion 是加拿大魁北克地区三大科研基金管理委员会主席；Alan Bernstein 曾领导创立加拿大健康研究院；Véronique Halloin 是比利时国家科学研究基金会秘书长；Mary Teuw Niane 曾任塞内加尔高等教育、研究与创新部部长。

委员们学科背景多样，聚焦跨学科研究和成果转化。探索型 PEPR 呈现跨学科融合的特点，关注能够解决实际社会挑战的创新型解决方案。评审委员的学科背景跨度较广，覆盖医学、材料物理、生物、化学、数学等多个领域，而且其所在机构往往重点关注可持续发展和成果转化。例如，Emanuela Reale 在意大利国家研究委员会可持续经济增长研究院任职，该院围绕产业系统变革、当代社会大型系统等主题开展研究，重点关注跨学科领域。

表 3-1　国际评审委员会委员科研相关信息调查

序号	姓名	人员类型	所属机构类型（科研机构、高校或科研管理机构）	研究领域	熟悉法国科研环境的加分项（如是否拥有法国国籍，是否来自法语地区，是否有法国留学或研究经历）
1	Rémi Quirion	科研管理人员、科研人员	加拿大魁北克地区政府首席科学家、麦吉尔大学教授	精神病学与神经科学	来自加拿大法语地区魁北克
2	Maria Allegrini	科研人员	意大利比萨大学教授	材料物理	无
3	Ido Amit	科研人员	以色列魏茨曼科学研究所教授	免疫学	无
4	Ole Andreassen	科研人员	挪威奥斯陆大学教授	精神病遗传学	无

续表

序号	姓名	人员类型	所属机构类型（科研机构、高校或科研管理机构）	研究领域	熟悉法国科研环境的加分项（如是否拥有法国国籍，是否来自法语地区，是否有法国留学或研究经历）
5	Alan Bernstein	科研管理人员，具有科研经历	加拿大多伦多高等研究院院长，癌症学家，有其他科研管理经验（如曾创立加拿大联邦政府健康科研资助机构、加拿大健康研究院）	癌症	无
6	David Bogle	科研人员	英国伦敦大学城市学院化学工程系教授	生物化学	无
7	Sylvain Doré	科研人员	美国佛罗里达大学教授	麻醉学、精神病学、药剂学、神经科学	于加拿大法语地区接受高等教育（蒙特利尔大学博士）
8	Malcolm Grant	具有科研管理与科研经历	曾任英国伦敦城市大学校长与教务长、英国国家医疗服务体系（NHS）主席、剑桥大学教授等职位	土地经济学	无
9	Véronique Halloin	科研管理人员	比利时国家科学研究基金会（F.R.S.-FNRS）秘书长，曾任高校教授	化学工程	所属机构是比利时法语地区重要的科研资助机构
10	Mary Teuw Niane	科研人员，具有科研管理经历	塞内加尔国家科学与技术研究院院士，曾任塞内加尔高等教育、研究与创新部部长	数学	有法国留学与科研经历

续表

序号	姓名	人员类型	所属机构类型（科研机构、高校或科研管理机构）	研究领域	熟悉法国科研环境的加分项（如是否拥有法国国籍，是否来自法语地区，是否有法国留学或研究经历）
11	Emanuela Reale	科研管理人员，具有科研经历	意大利国家研究委员会可持续经济增长研究院院长，曾担任多项科研项目负责人	公共科技政策	无
12	Raffaella Rumiati	科研人员	意大利国际高等研究院教授	认知科学	无
13	Hans-Werner Schock	科研人员，具有科研管理经历	德国柏林亥姆霍兹材料与能源中心前主任、教授	电机工程	无
14	Alain Webster	科研人员	加拿大舍布鲁克大学教授	可持续发展	所属大学位于加拿大法语地区魁北克

第三节　随机资助

随机资助是指把研究预算随机分配给少数幸运的科学家。主要做法是在符合资质的科学家中，或者在同行评议得分相同或差别极小而无法选出优胜者的情况下，通过"抽签"的方式随机选出"幸运儿"。现行的同行评议制度难以避免人为影响，随机资助在一定程度上为科学家提供了平等研究机会。本节介绍当前国际上三个典型的随机资助案例。

一、瑞士国家科学基金会的基金项目

瑞士国家科学基金会（SNSF）是瑞士最大的政府科研资助机构，每年分配约 10 亿瑞士法郎（CHF）的科研经费。2018—2020 年，SNSF 在博士后流动基金中试点了随机资助模式。

博士后流动基金面向在国外获得博士学位并希望在瑞士从事科研工作的瑞士籍或拥有瑞士永久居留权或伴侣为瑞士籍的研究人员。资助期原则上为 2 年，主要包括生活费、育儿费以及研究费等。

SNSF 实施随机机制是为了消除同行评议的人为影响。基金的会评阶段，如果出现得分相近的两个及以上申请，无法用客观标准决定排名顺序，SNSF 将向这些申请分配标识，并将其写在纸条上放入不透明胶囊中。SNSF 官员每次抽取一个胶囊，抽出顺序就是这些申请的最终排名。据统计，2021 年 3 月有 9 个申请使用了随机摇号的方式进行排名，占全部 278 份申请的 3.2%。

2021 年 3 月，SNSF 将这一机制推广至全部基金项目。

二、新西兰卫生研究委员会的探险者拨款计划

新西兰卫生研究委员会自 2013 年起，对探险者拨款计划采用随机分配机制。该项目为期 2 年，资助金额为 15 万新西兰元（约合 64 万元人民币），主要面向不确定性较大的探索性研究。

项目需要经过两轮评估。第一轮为同行评议。3 名专家对项目评估后，获得两票及以上的项目可以进入下一轮。第二轮为随机资助。使用随机函数为每个项目产生一个随机数，按随机数由小到大的顺序确定入选项目。

三、美国基础问题研究院的支点奖金

美国基础问题研究院（FQxI）成立于 2006 年，其性质是私人基金会，作为资助机构它旨在"促进、支持和传播对物理学和宇宙学基础问题的探究"，目前已提供超过 2900 万美元的资助。FQxI 的项目包括：Zenith 奖金（也称大额奖金）、支点奖金（也称小额奖金）、竞赛（系列竞赛，主题是"时间的本质"）。

其中，支点奖金采用随机资助模式，每年在会员中开放两轮资助，奖金额度在 1000 美元到 1.5 万美元之间，可用于差旅、讲座、研讨会等。

FQxI 会员实行提名制。成为提名会员有三个途径：Zenith 奖金的获奖者自动获得会员提名，竞赛的一等奖获得者自动获得提名，FQxI 每半年向现有会员征集提名。随后 FQxI 对提名会员进行审核，研究方向与 FQxI 使命一致的科学家将成为正式会员。

第四节　科研举荐资助

科研举荐资助首先确定杰出科技人才，然后由杰出科技人才在全球范围内提名资助候选人，经过磋商、评审确定研究项目。举荐制在科研领域的应用早已有之，诸如诺贝尔奖等一些国际性科技奖项的评选中采取的提名制就是举荐制的一种常见形式。这种资助方式能够充分发挥现有的战略科学家等杰出科技人才的作用，也是发现潜在杰出科技人才的办法。在科研资助体系上，举荐制配合竞争制的使用有利于发现具有较大发展潜力的青年科研人才和科研奇才怪才。在这一领域，德国洪堡基金会的一些资助计划采取的以举荐制为核心的项目立项和管理办法，值

得研究和参考。

一、洪堡奖金的提名、遴选和管理方式

洪堡基金会是德国一家历史悠久的科研资助机构，主要为德国以外不同学术生涯阶段的研究人员来德国的大学和科研机构从事科研工作提供资助，或为德国研究人员赴国外开展短期研究提供资助。目前，洪堡基金会共提供 24 种不同的资助计划，既有面向博士后和资深研究人员的奖学金计划，也有提供给国际知名科学家和顶级科学家的奖金。其中后者与诺贝尔奖等通常意义上的奖金有所区别，不仅是对科学家此前研究工作的奖励，也是对其开展新研究项目的一种资助。

洪堡奖金的立项方式多采取提名制，其相关情况如表 3-2 所示。

表 3-2 洪堡基金会各研究奖金概况

资助对象	计划名称	面向国家或地区	资助金额和期限	资助领域
顶级青年研究人员	索菲亚·科瓦雷夫斯卡娅奖	所有国家（除德国）	提供 165 万欧元奖金以在德国建立研究团队，并开展自选研究项目。资助时间 5 年	不限
国际知名科学家	弗朗霍夫 – 贝塞尔研究奖	所有国家（除德国）	提供 45 000 欧元奖金。可在德国研究机构开展 6 ~ 12 个月的自选研究项目	应用研究
国际知名科学家	弗里德里希·威廉·贝塞尔研究奖	所有国家（除德国）	提供 45 000 欧元奖金。可在德国研究机构开展 6 ~ 12 个月的自选研究项目	不限

续表

资助对象	计划名称	面向国家或地区	资助金额和期限	资助领域
国际知名科学家	乔治·福斯特研究奖	发展中国家（除中国和印度）	提供 60 000 欧元奖金，以及最高 25 000 欧元额外研究津贴。可在德国研究机构开展 6 ~ 12 个月的自选研究项目	不限
国际知名科学家	洪堡研究奖	所有国家（除德国）	提供 60 000 欧元奖金。可在德国研究机构开展 6 ~ 12 个月的自选研究项目	不限
国际知名科学家	康哈德·阿登纳研究奖	加拿大	提供 60 000 欧元奖金。可在德国研究机构开展 6 ~ 12 个月的自选研究项目	不限
顶级科学家	洪堡教席奖	所有国家（除德国）	提供实验科学家 500 万欧元、理论科学家 350 万欧元奖金。资助时间 5 年	不限
顶级科学家（博士毕业 15 年以上）	马普–洪堡研究奖	所有国家（除德国）	提供 150 万欧元奖金以在德国建立研究团队；提供获奖者个人 80 000 欧元奖金；提供接待单位总资助额的 20% 作为管理费。资助时间 5 年	不限

　　有资格进行提名的是德国的高校和研究机构。除个别奖项必须由资助金提供方进行提名外，洪堡基金会的多数研究奖项均可由德国高校和研究机构的负责人或杰出研究人员提名，部分奖项还可由获得过洪堡相关研究奖项的国外研究人员提名。例如，洪堡教席奖仅允许德国的高校进行提名，大学外研究机构需要与一所有提名资格的高校共同提名，且提名仅可由高校校长或大学外研究机构的科学董事会直接提交给洪堡基金会；洪堡研究

奖的提名人既可以是德国研究机构中的杰出科研人员，也可以是国外的洪堡奖金得主与一位德国研究人员共同提名。

被提名人必须是在自身的研究领域有所建树，甚至是能够对其他领域造成深远影响的研究人员。乔治·福斯特研究奖和洪堡研究奖都要求被提名人在自身的研究领域有过重大发现，或创造了新的理论和知识，同时其学术成果能够证明已得到国际认可；洪堡教席奖除要求被提名人具有较高的学术水平外，还需要对提名的德国高校自身战略目标的实现有所帮助，如能够增强高校的国际竞争力，且被提名人即使在资助结束后也能够保持与提名高校的联系。

在收到提名后，洪堡基金会将开始为期6个月的评审流程，由各专业领域数量不等的研究人员组成一个独立的遴选委员会每年召开一到两次评审会，在会上直接确定评审结果，并在会议结束后将结果以书面形式同时通知提名人和被提名人。被提名人通过书面反馈接受奖金并同意洪堡奖金的相关要求后，则立项完成。

针对洪堡奖金获得者开展科研项目的管理方式灵活，配套措施完善。

第一，获奖者可在项目资助期限内与接待单位共同确定将要开展的研究课题、资助开始时间、在德国的停留时间等相关事宜，甚至可以分多次来德国开展研究。

第二，洪堡奖金可用于获奖者在接待单位开展研究工作的所有费用（包括人员费、材料费、设备费、差旅费等）以及个人在研究期间的工资、社保等，其中获奖者工资根据研究工作时长按月拨付一定额度。例如，洪堡教席奖获得者每月可从奖金中支取一定数额的工资，年工资总额不得超过18万欧元，在特殊情况下可由接待单位向洪堡基金会申请将年工资上限提高至25万欧元，同时获奖者也可从接待单位或第三方获得其他收入。另外，接待单位也可支取15%的奖金作为管理费，以为获奖者提供自身的实物和人力基础设施，帮助获奖者尽快融入德国的生活和研究环境，弥补获奖者国外养老金的损失等，但接待单位不得将管理费提供给获奖者用于项目研究工作。获奖者在资助期内购买的科研设备需要计入接待单位自身的资产，在资助期结束后接待单位可继续保留和使用这些设备，但必须保证这些设备在资助期内完全由获奖者拥有，且能够为这些设备提供必要的安装和维护。

第三，洪堡奖金为获奖者在德国开展研究提供丰富的配套措施，包括旅行津贴、语言课程、研讨会和年会等。洪堡奖金可用于支付获奖者从国外往来德国的旅行费用，若获奖者的配偶或子女共同来德且停留时间超过6个月，则也可报销配偶和子女的旅行费用，但无论获奖者分几次来德开展研究，奖金只可支付一次来往费用。若获奖者或其配偶希望学习德语，奖金也可用于支付语言课程的费用，但基金会将定期考察获奖者参与课程的情况。所有获奖者及其家人在德国停留期间将被邀请参加每年一次的获奖者研讨会和洪堡基金会年会，获奖者可在这些活动中结识其他获奖者、接待单位负责人和遴选委员会成员，在洪堡基金会年会上，德国联邦总统还会向获奖者致欢迎辞，充分体现对获奖者的尊重。另外，获奖者在德国的研究停留期结束前，洪堡基金会还会要求获奖者和接待单位分别提交一份反馈报告，了解获奖者对在德国开展科研合作和日常生活的印象和经验，以及接待单位与获奖者进行合作的相关经验等，以便洪堡基金会改进其资助项目。

洪堡基金会将在项目执行过程中和项目结束后对执行情况进行审计。特别是对于多年期资助项目，洪堡基金会要求获奖者每年提交关于项目进展和经费使用情况的年度报告，并在项目结束后提交总报告。例如，马普－洪堡研究奖规定获奖者需要在项目执行期间的每年4月30日提交一份简短的工作进展和成果报告，以及一份经费使用说明；在项目资助期结束后的 4 个月内提交一份详细的结题报告和经费总体使用情况报告。洪堡基金会和马普学会将对工作报告进行评估，并视情况进行公开出版。同时，接待单位需要针对获奖者的经费使用情况开展审计，若接待单位没有独立开展审计的条件，则可委托外部审计员执行，相关费用可从管理费中支出。在结题审计结束后，未使用经费将被立即返回洪堡基金会。

二、亨丽埃特·赫兹侦察员计划的推荐、遴选和管理方式

除上述针对研究奖项的提名和遴选方式外，洪堡基金会为拓宽国际人才发现渠道，于 2020 年 5 月推出了亨丽埃特·赫兹侦察员计划，为洪堡研究奖学金（洪堡基金会面向博士后和资深研究人员的一种资助方式）开辟了一条基于举荐制的新申请途径。

亨丽埃特·赫兹侦察员计划分为三阶段：

第一阶段，遴选委员会通过同行评议遴选侦察员。洪堡基金会每年通过竞争性同行评审遴选出最多 40 名"洪堡侦察员"，这些侦察员需要在德国拥有教授职位或同等水平的管理职位，具有杰出的学术成就、广泛的国际合作网络及遴选优秀人才的能力，特别致力于促进青年研究人员的发展。希望成为侦察员的研究人员可随时在线提交申请给洪堡基金会，在办事处对申请进行正式审查后，审查文件通常转交给两名独立专家审查员，由他们编写书面专家意见。由来自所有学科的研究人员组成的一个独立遴选委员会，将根据现有的专家意见，在可用资金的范围内，在每个申请轮次选择最佳申请。对侦察员和奖学金候选人的遴选将分两组分别讨论和决定。遴选委员会每年举行两次会议，分别为每年的 5 月底和 11 月底。

第二阶段，侦察员可推荐最多 3 位国外优秀的青年研究人员获得洪堡

研究奖学金。侦察员可在 3 年任期内行使 3 次推荐权，分别在成为侦察员后的 12 个月内、6 ~ 24 个月内和 18 ~ 36 个月内，若侦察员在上述期限结束时未行使推荐权，则该次推荐权力取消。理想情况下，这意味着侦察员每年须行使一次推荐权。被推荐的青年研究人员在职业训练、学术表现、原创性、创新程度和未来潜力等方面的质量水平无疑必须与洪堡研究奖学金成功获得者的质量水平相当。在被推荐人向洪堡基金会在线提交所需材料后，办事处会对其进行为期两周的正式审查。若通过审查，则被推荐人将与侦察员合作在德国开展独立研究项目；若不符合要求，则不能授予奖学金，但侦察员有机会推荐另一个人。

第三阶段，资助完成后 12 个月内对受资助的研究人员和侦察员进行事后评估。根据洪堡研究奖学金计划的常规程序，受资助人和侦察员都被要求在结项时根据标准化的在线问卷填写最终报告，这构成了事后评估的首要依据。在完成资助 12 个月后，办事处将联系受资助人和侦察员，并要求他们通过在线程序提供相关文件。这些文件将被转发给至少两名独立专家，由他们编写书面专家意见。根据专家意见，向遴选委员会、受资助人和侦察员通报评估结果。如果侦察员希望提交新的申请以再次成为侦察员，则进行的评估将成为新的遴选程序关注的一部分。新申请最早可以在完成对最后一位受资助人的事后评估 12 个月后提交。洪堡基金会旨在吸引尽可能多的新侦察员参加该计划，因此每次最多可以分配 50% 的名额给以前的侦察员。

第五节　科研生涯资助

科研生涯资助是指为研究人员提供连续性的研究资助，且根据研究人员不同学术生涯阶段的需求有针对性地确定资助重点和目标，同时不对研究领域、路线和成果施加过多限制。这种资助方式对于系统培养青年科技人才、稳定支持人才成长，具有很好的效果。以下以德国研究联合会（DFG）针对研究人员学术生涯阶段设立的资助措施为例介绍此类资助措施的相关情况。

一、DFG 资助计划的遴选要求

DFG 是德国最大的国立基础研究资助机构，主要任务是从各类不同的研究机构和研究者的自选课题中，挑选出最具竞争力和发展潜力的研究项目。DFG 的研究资助体系非常完备，按资助对象可划分为对个人和科研机构的资助；按资助类型可划分为对研究人员职业生涯、具体研究主题、基础设施和科学论坛的资助，以及相关的科技奖项等。

DFG 对研究人员学术生涯的资助主要通过三类资助计划实现，分别为瓦尔特·本杰明计划（Walter Benjamin Program）、艾米·诺特计划（Emmy Noether Program）和海森堡计划（Heisenberg Program），覆盖了研究人员从博士毕业到成为自身研究领域领军人物的整个发展阶段（图 3-1），其资助对象、形式、范围和时限等信息如表 3-3 所示。

图 3-1　DFG 三类研究人员资助计划与研究生涯阶段的对应关系

从申请要求上看，DFG 的三类资助计划不设具体的人员国别、申请时间和领域限制，开放程度较高，符合条件的国内外研究人员均可随时提交申请材料，DFG 在收到申请后就会进行标准的立项评审流程；对于国外申请人，则仅要求其曾经在德国开展过长期研究或计划未来在德国开展研究，

表 3-3 DFG 三类研究人员资助计划的具体信息

计划名称	资助对象	资助目标	资助方式和额度	资助时限
瓦尔特·本杰明计划	处在学术生涯早期阶段具有博士学位的国内外青年研究人员	支持青年科研人员找到自身发展自身的研究方向，促进研究人员在不同研究机构间的流动	在德国开展研究：接收研究机构设置"博士后及同等职位"，DFG 提供相应薪酬（全年 77 400 欧元，每月 6450 欧元）；提供额外的灵活研究经费（每月 250 欧元）；开展项目所需的其他资金基础设施由接收研究机构提供。 在国外开展研究：提供奖学金（每月 1750 欧元与国外补贴，交通补贴和育儿补贴等）；提供额外的灵活研究经费（每月 250 欧元）；开展项目所需的其他资金由所在研究机构提供。 分阶段在德和国外开展研究：根据阶段按照上述两种方式提供资助	最长 2 年
艾米·诺特青年计划	国内外优秀青年研究人员（博士毕业 4 年内，毕业成绩优秀，在国际高等级期刊上发表过论文）	培养青年研究人员担任高校教授的能力，吸引来自国外的杰出青年研究人员	支持申请人成立并领导"艾米·诺特青年研究小组"，提供与执行研究项目相关的全部材料费、人员费、设备费、会议费、差旅费、出版费、家庭补贴等费用。具体资助额度视所申请项目情况而定	6 年

计划名称	资助对象	资助目标	资助方式和额度	资助时限
海森堡计划	在各学科领域已获得教席地位或同等地位的国内外杰出研究人员	支持杰出研究人员争取未来的学术领导地位,在德国继续开展世界一流水平的研究项目	成功申请到资助的研究人员可自主选择以下一种资助方式: 1. 海森堡职位:提供在德国的一家研究机构或在国外的德国研究机构从事科研工作相应薪酬(全年 91 800 欧元,每月 7650 欧元);灵活研究经费(每月 1000 欧元)。 2. 海森堡轮值职位:面向从事临床研究的科研人员,可在保留医院或诊所劳动关系的同时,将全部或部分(至少 49% 的全职工作时间)临床经验投入研究(全年 99 300 欧元,每月 8275 欧元);灵活研究经费(每月 1000 欧元)。 3. 海森堡教席:提供一家德国高校的一份有期限的教职和相应薪酬(全年 111 000 欧元,每月 9250 欧元),高校研究报销受资助人的医疗保险、生育险等附加费用;灵活研究经费(每月 1000 欧元)。 4. 海森堡奖学金:提供奖学金(每月 4450 欧元)、材料和出版费(每月 250 欧元)、育儿补贴,受资助人自行商相关权利义务研究机构并自行商相关权利义务	5 年

83

有利于吸引国外的优秀研究人员来德工作。

从资助目标上看，三类资助计划不仅关注申请项目自身的质量和科学性，同时重视对研究人员在不同职业生涯阶段所必备的相关能力的培养，如瓦尔特·本杰明计划作为早期阶段的资助计划，要求申请人在申请书中详细阐述自身的研究生涯规划，将其作为立项评审的重要关注点之一，同时该计划要求申请人不得在博士毕业的院校开展研究，以促进青年科研人员在不同研究机构中的流动；艾米·诺特计划则要求有一定研究经验的青年研究人员尝试领导一个研究项目组，为未来成为研究负责人或担任大学教授做好准备。

二、DFG 资助计划的资助和管理方式

从资助方式上看，三类资助计划的资助方式多样且灵活，主要以向研究人员提供相应研究岗位和薪酬、奖学金及灵活研究经费和相关补贴的形式予以支持，海森堡计划甚至允许受资助人从 4 种支持方式中任选其一，且可在执行项目过程中进行资助方式的调整。其中，在接收研究机构为受资助人设置相应临时岗位的做法是德国较为独特的资助方式，DFG 按照受资助人的学术级别提供相应岗位薪酬（表 3-4），接收机构则需要为受资助人开展研究提供必要的基础设施，如实验室、办公室等。DFG 一般会要求研究人员在进行项目申请前与接收机构签订一份标准化的劳动合同，其中必须包含以下条款，即受资助人的工作职责仅限于完成 DFG 资助的研究项目，接收机构不得干涉受资助人开展该项目的相关工作。同时 DFG 也鼓励满足一定条件的受资助人（如艾米·诺特计划资助的青年教授）承担接收机构的部分教学和辅导博士研究生的工作。DFG 确定的不同级别的人员岗位薪酬能够很好地满足科研人员的基本生活需要，即使是最低一级的非科研人员的工资水平（每月 4400 欧元）在德国也属于中等偏上的收

入等级，这能够消除科研人员的后顾之忧，从而潜心开展基础研究。另外，获得此三类计划资助的研究人员也可同时申请 DFG 针对具体科研项目的资助，进而获得更多的科研经费。

表 3-4　2022 年不同级别的人员劳务费额度

人员类别	年薪／欧元	月薪／欧元	说明
教授	111 000	9250	
青年研究小组组长／海森堡资助	91 800	7650	
博士后及同等职位	77 400	6450	具有博士学位的人员或有至少 3 年工作经验的非博士科研工作者（硕士）
医学科研工作者	99 300	8275	
博士及同等职位	71 700	5975	在读博士生或工作经验不足 3 年的非博士科研工作者（硕士）
其他科研工作者	59 700	4975	本科工作人员
非科研工作者	52 800	4400	有劳务合同关系的其他技术或行政人员，如技术助理、实验室和车间人员等
其他人员	根据当地薪酬标准确定		小时工和科研辅助人员等

从经费拨付方式和使用要求上看，三类资助计划的经费使用方式较为灵活，但受资助人需要接受定期的项目评估。艾米·诺特计划和海森堡计划均是首先拨付 3 年研究资助，在第 3 年末开展一次中期评估，受资助人须提交一份中期报告和继续资助申请，若通过评估则继续拨付剩余资助金；受资助人除可以获得相应级别的薪酬和补贴外，还可每月获得数目不等的

额外研究经费，该经费可灵活用于购买研究材料和设备、发表研究成果、举办学术会议以及差旅费等与研究相关的支出。

另外，三类资助计划均支持科研人员兼顾工作与家庭，部分资金可用于受资助者本人及家庭成员的语言培训课程费用、往返德国的费用及家庭成员的津贴。例如，瓦尔特·本杰明计划为科研人员提供儿童津贴，第一个儿童每月 400 欧元，每增加一个儿童每月增加 100 欧元；海森堡计划为科研人员家庭里不满 3 岁、由配偶单独照料的儿童提供保育津贴，一个儿童每月 154 欧元，两个儿童每月 205 欧元，3 个及以上儿童每月 256 欧元；科研人员因会议或出差无法照顾儿童或其他需要照顾的家庭成员时，艾米·诺特计划可提供受照管家庭成员的旅费，及在此期间请专业护理机构或个人照顾家庭成员所产生的护理费用。

第六节　会聚研究资助

会聚研究资助是针对会聚研究（Convergence Research）的新范式而进行的资助。会聚研究是一种多学科交叉的研究方法，通过整合不同学科的专业知识和技术，解决涉及多个领域的重大科学问题或社会挑战。这种新范式最早出现在纳米科技领域，近年来扩展到物质科学、工程学和生命科学领域，以及能源、粮食、气候和水资源在内的广泛领域中，被认为是解决 21 世纪人类面临气候变化、能源短缺、人口膨胀、环境污染等巨大挑战的一条重要途径，已经产生了许多重要的突破。尤其在探索科研"无人区"的过程中，会聚研究具有极大的未来发展潜力，因此主要国家近年来都在加强对会聚研究的资助。在这一方面，美国国家科学基金会（NSF）对会聚研究的支持措施能够提供一些借鉴。

一、NSF 会聚研究项目的遴选方式

多年以来，NSF 一直在对会聚研究进行资助，积累了丰富的经验。2016 年，NSF 提出未来投入的十大计划，代表了 NSF 未来长期的研究议程，其中"不断发展的会聚研究（Growing Convergence Research，GCR）"就是十大计划之一，主要目标是在现有的学科交叉领域，促进解决紧迫的科学和工程学研究问题的融合方法。2019 年起，NSF 继续推出"会聚加速器计划（Convergence Accelerator Program，CAP）"，旨在通过会聚研究方法将基础研究成果转化为现实应用，以解决特定领域的重大社会挑战。

对会聚研究的项目支持需要符合其内在特征。NSF 认为，会聚研究具有两大特征：一是由一个特定的和紧迫的问题驱动。会聚研究的激励通常来自解决一个特定挑战或机遇的需要，或来自深层次的科学问题，或迫切的社会需求。二是深度的跨学科整合。会聚研究需要聚集不同学科和专业的研究者及其他相关人员共同提出研究问题，建立起有效的跨学科交流机制，并为其解决方案设计共同的框架，进而开辟新的研究领域。其中第二大特征是会聚研究与一般性的科学研究最大的区别所在。因此，在对会聚研究进行支持时也应以这两大特征为主要的立项考虑，尤其要突出支持项目对跨学科整合的促进作用。CAP 计划每年都会确定 2～3 个支持领域，均是以解决关键的社会问题和挑战为主要关注点，如 2022 年该计划关注的 3 个领域为增加残疾人的机会、用于解决全球挑战的可持续材料研发，以及食品和营养安全，且计划要求所资助项目必须以会聚研究的方式开展，包括以人为核心的项目设计、用户导向、团队合作等。

会聚研究项目的申报需要充分体现开展会聚研究的必要性，以及对下一代研究人员的培养。GCR 计划对于申报会聚研究项目有 4 个要求：一是使用会聚方法的必要性。应该给出一个令人信服的理由，以说明为

什么该项目必须把本质上不同的科学和工程学学科放在一起，以解决一个特定的科学挑战或社会问题。二是从事会聚研究的准备。为了取得重大进展，研究组需要提供证明材料，如以前的学科交叉项目、首席研究员和联合首席研究员共同发表的文章等，以证明他们已做好开展会聚研究的准备工作；同时，表明项目组由不同学科的成员构成。三是知识、工具和思维模式的集成。要为相关学科知识基础的深度集成提供令人信服的案例；应展示综合研究方法的新颖性，且该方法是由相关学科所特有的思维模式的组合而产生的。四是下一代会聚研究人员的参与。鼓励融合项目为本科生、研究生及博士后提供新的学习和经验，从而为会聚研究培养下一代储备人才。融合项目要明确给出这些人的角色和定位，如：在学习使用新工具、仪器和技术中将扮演什么样的角色；在本专业领域之外需要学习哪些概念，如何学习；该项目是否会提供新的模式学习环境，以适应其他会聚研究项目等。

二、NSF 会聚研究项目的管理和实施机制

对会聚研究的支持需要包括专门促进建立跨学科研究团队和研究协调网络的机制。鉴于会聚研究的两大基本特征，在进行会聚研究项目资助时除了要考虑通过研究解决具体的问题和需求，还应单独支持旨在促进不同学科研究人员开展交流、挖掘学科交叉潜力的交流类活动，或在支持机制中纳入有助于组建跨学科研究团队、提升团队开展会聚研究能力的步骤。

GCR 计划主要采取 3 种项目机制以实现其目标：一是能力建设活动。包括讨论班、创意实验室和研究协调网络（RCNs），同时鼓励研究人员提出其他能力建设的新方法，以建立学术研究人员与其他行业人员间的联系，扩大会聚研究参与人员的范围并增强其多样性，而这正是找到并提出值得研究的跨学科问题和方法的一大重要途径。二是探索性资助金。旨在

为研究团队开展具体研究提供资金支持，在这一过程中，研究团队需要展示不同学科背景的研究人员进行高效合作的能力，克服不同学科间存在的差异，尝试探索性的融合模式、工具、方法和基础设施，并不断取得会聚研究项目进展。GCR 项目资助期为 5 年，采取分阶段资助的方式，前两年团队可申请最高 120 万美元的资助，在通过中期评审后可为后三年的研究申请最高 240 万美元的资助。三是加强项目评审过程。NSF 将任命一位有会聚研究经验的研究人员使用数据挖掘工具，并在项目官员和学术界主体的辅助下对 GCR 项目进行评审，这些评审专家来自一个由 100 位杰出研究人员组成的"评审专家库（CoR）"，NSF 的项目官员可在该专家库范围内选择合适的评审专家对项目提案和执行情况进行评审。

CAP 计划的资助机制分为两个阶段，其中第一阶段共一年时间，主要关注跨学科团队的建设和融合，入选项目团队将在这一阶段获得最高 75 万美元的资助，并在开始的 9 个月时间中参加计划提供的创新课程，接受关于加强团队融合和加速创新想法生成的相关指导（课程示例详见表 3–5），且每个团队都会配备一位"创新教练"提供相应支持。创新教练将在以人为核心的项目设计、团队科学活动、跨团队交流、展示报告、撰写公开项目情况总结等方面对团队进行专业指导，并可跟随团队进入第二阶段的研究过程中。在第一阶段的后 3 个月，团队需要向一个评审小组汇报其取得的进展，作为第二阶段提案的一部分，同时要参加 NSF 举办的"会聚加速器展会"和其他活动。通过第一阶段项目评审的团队可进入第二阶段的研究工作，这一阶段共 2 年时间，最高可申请 500 万美元的资助。团队需要在第一阶段建立的基础之上继续吸收新的团队成员并与最终用户建立联系，以进一步开发技术和产品原型，建立起能够在未来持续发挥影响的解决方案模型。在第二阶段的第一年末，团队还需要接受一次中期评审以确定项目的执行情况符合预期。

表 3-5　CAP 计划提供的创新课程示例

日期	课程主题	日期	课程主题	日期	课程主题
2021 年 9 月 30 日	2021 年第一批项目：项目预启动信息网络研讨会	2022 年 1 月 22 日	跨团队分享	2022 年 4 月 6 日	跨领域合作：第三课
2021 年 10 月 13 日	2021 年项目启动：介绍	2022 年 1 月 26 日	交流和叙事	2022 年 4 月 13 日	跨团队分享
2021 年 10 月 20 日	团队科学：基础知识	2022 年 2 月 2 日	跨团队分享	2022 年 4 月 20 日	结课研讨会
2021 年 10 月 27 日	第一次展示会	2022 年 2 月 9 日	中期报告	2022 年 5 月 16—20 日	准备：第二阶段正式提案和展示；2022 年展会
2021 年 11 月 3 日	跨团队分享	2022 年 2 月 16 日	团队科学：签到	2022 年 5 月 25 日	提交第二阶段正式提案
2021 年 11 月 10 日	以人为核心的设计：由应用激发的研究	2022 年 2 月 23 日	跨领域合作：第二课	2022 年 5 月 30 日—7 月 17 日	教练支持：展示练习
2021 年 11 月 17 日	团队科学：接受差异和处理分歧	2022 年 3 月 2 日	跨团队分享	2022 年 6 月 20—24 日	正式展示
2021 年 12 月 1 日	跨领域合作：第一课	2022 年 3 月 9 日	以人为核心的设计：低保真度原型	2022 年 6 月 27 日—7 月 22 日	最终准备：2022 年展会
2021 年 12 月 8 日	团队科学：做出假设如何影响生产力	2022 年 3 月 16 日	跨团队分享	2022 年 7 月 25—29 日	参加 2022 年展会
2021 年 12 月 15 日	跨团队分享	2022 年 3 月 23 日	交流和展示		
2022 年 1 月 12 日	以人为核心的设计：研究综合体	2022 年 3 月 30 日	跨团队分享		

第七节　创新自荐资助

　　创新自荐制是指资助机构不对项目的主题、范围、技术路线等作具体限制，或只给出一个大概的资助方向，研究选题、目标、方法、时间、经费等具体事项由研究人员自己确定和申报的资助方式。目前来看，DFG 的研究补助金（Sachbeihilfe）项目和在世界范围内广泛使用的创新竞赛是创新自荐资助的两个典型代表。

一、DFG 研究补助金项目的立项和管理机制

　　DFG 研究补助金项目不设具体主题领域和申请时间限制。符合条件的申请人可随时提交项目申请，且研究课题完全由自己决定。申请人须是在德国工作或是在国外的德国研究机构工作的研究人员，且已获得博士学位；在非公益性机构工作，或研究成果不能立刻以公开形式发表的个人不得申请。项目资助期最长为 3 年，到期后可申请一次延期。

　　申请人可从 4 种资助方式中任选其一。一是普通模式。提供开展研究项目所需的所有材料费、人员劳务费、设备费、差旅费、出版费等必要费用资助，其中不同级别的人员劳务费额度详见表 3–4。申请人需在申请中给出所需费用的具体预算和使用目的。

　　二是申请研究职位。国内外申请人可在一所德国研究机构以"项目负责人"的身份开展项目研究，研究补助金项目将提供申请人在该机构工作期间的工资和社保等职位相关资助，工资额度同表 3–4 中"博士后及同等职位"类别。此外，项目负责人资助期内在德国外停留的时间不得超过总资助时长的三分之一。在项目资助的工作时间内，项目负责人不得承担项目研究以外的其他工作，仅可在非正常工作时间根据工作机构的要求开展

教学、患者护理等其他工作。申请人在提交申请时需要附上研究机构雇佣其来本机构开展研究工作的声明；若申请人自身已有职位，则在开展研究期间不得再从原单位获得工资（需要提交原单位对此的承诺书），已在本国获得终身教授资格的申请人不得选择本资助方式。

三是申请替班人员补贴。承担教学或管理工作的申请人必须暂停原有工作，使用大量时间亲自开展项目研究，且有权向所在单位申请学术休假的，可为在其开展研究工作期间代替完成其原有工作的人员申请最长12个月的替班补贴，该补贴额度最高为申请人自身的工资额度。申请人在申请时须阐述该项目必须主要由自身亲自完成的原因，确定替班人员的补贴额度，同时所在单位须承诺在得到资助后继续向申请人发放工资，但将暂时解除申请人的教学或管理工作。

四是申请临床医生替班职位。在大学诊所或研究型医院工作的医生可为自身开展研究工作期间代替其完成患者护理工作的医生申请替班职位，该职位工资标准同表3-4中"医学科研工作者"类别。

项目承担人须在申请书规定的时间内完成研究任务，并向DFG提交工作进展报告以及研究补助金的使用证明，同时尽可能将研究成果进行公开出版。

二、创新竞赛的遴选和管理机制

近年来，创新竞赛作为一种以更低成本更高效率解决关键科技问题的资助机制，在世界范围内得到了愈发广泛的应用。这种资助方式具有"不拘一格降人才"的特点，使得有能力的主体均可通过自荐的方式参与到创新活动中来，并能够实现研究成果的快速转化。当前，美国、德国、法国等世界主要国家均设立了丰富多样的创新竞赛，特别是在支持高风险、高回报的颠覆性创新方面，创新竞赛已成为最受各国青睐的资助工具之一。

创新竞赛以解决国家在经济、社会、军事等领域的关键问题为目标确定竞赛的主题领域。通常情况下，创新竞赛均以解决一项具体问题为目的，具有明确的预定目标和应用导向。同时，该问题的解决有一定的社会意义，有利于减轻重大社会挑战或增加公民福祉。例如，美国 DARPA 举办的挑战赛都是针对现实的技术挑战，且这些技术常常被用于民生领域，如"机器人挑战赛"旨在为研发新一代导航和救灾机器人进行软硬件技术开发和原型演示验证；"基孔肯雅病毒挑战赛"的目标是建立模型来预测基孔肯雅病毒在美洲的传播情况，比赛成果还可用于其他疾病的预测和紧急病情的预警。法国依据三大标准确定每年创新竞赛的领域：一是能够攻克技术瓶颈，或者探索迄今为止较少有研究涉及的科学领域；二是能够满足法国社会发展的重大需求；三是具有商业可行性，特别是能够为法国市场创造附加值。

创新竞赛对参赛人员不设过高门槛，由多方主体组成的委员会做出资助决定。创新竞赛一般面向全社会发布，国内外各类研究机构、大学、企业、私营单位和个人均可报名参赛。同时，对参赛队伍的遴选和评估由多主体组成的委员会进行。如 DARPA 的挑战赛由其高层管理人员联合项目负责人、军方和工业界代表共同对参赛团队进行资格审查和比赛结果判定，陆军部、海军部、空军部、国防威胁降低局等机构和工业界代表全程参与所有赛事的评审；法国创新竞赛的各个阶段都由各方代表组成的合议评审机构，包括专家、中央政府部门、承办机构和项目所属地区代表等，以民主方式集体决策。

创新竞赛采取阶段制或里程碑制的管理方式。创新竞赛作为一种全程竞争性的科研资助方式，通常会将整个资助周期分成若干阶段，每进入下一个阶段便会淘汰一部分竞争者，同时一些创新竞赛还会在不同阶段设置不同的目标，以实现创新成果的快速转化应用。例如，德国跨越式创新资助机构（SPRIND）在 2022 年举办了"新计算概念挑战赛"，旨在开发全新的节能计算方法，并将其转化为现实应用。该挑战赛共分为两个部分，第一部分的比赛持续 9 个月，主要专注于数据处理、硬件驱动理论和方法层面的探索，团队须利用前 6 个月的时间设计出新的计算方法，并在后 3 个月参加成果评审，同时提交参与第二部分比赛的申请；第二部分的比赛则专注于将第一阶段开发的新计算方法实际应用到硬件设备中。DARPA 于 2017—2019 年举办的"频谱协作挑战赛"共分为初赛、复赛和决赛三阶段，参赛队伍需要在各种模拟的无线场景中和其他队伍共享无线频谱，竞争性地发送自身需要传输的数据，并把对其他队伍的传输干扰控制到最小。每进入下一个阶段参赛队伍越少，每个队伍需要处理的场景数越多，最终从决赛的 10 支队伍中评选出前三名并发放奖金。

创新竞赛的资助方式分为全程资助和竞争性后补助两种形式。其中第一种形式类似于通常意义上的项目资助，举办机构将提供所有参赛团队开展项目所需的人员、设备、材料等相关费用，如 SPRIND 的挑战赛不仅在项目开始前就向参赛团队提供必要资金支持，还会为每个团队配备一位教练，其将在工作内容设计、开展试验、联系合作伙伴和分包商等方面为团队提供指导；法国创新竞赛也会为参赛者提供全部资金支持，但采取分阶段拨付的管理方式，即项目启动时发放首批资助（不超过总资助额的 70%），项目经费总支出（包括比赛奖金和自筹资金）达到首批资助额两倍时发放中期资助，项目结题时发放终期资助。竞争性后补助的资助方式类似于比赛，即参赛团队前期不会获得任何资金上的支持，只有最先提出解决方案或提供最佳方案的团队才能获得高额奖金，如 DARPA 的挑战赛基本均采取此种资助方式，只有最终取得前三名的团队才会得到奖金。

创新竞赛注重成果的转化应用。创新竞赛一般以解决具体问题为主要目的，因此需要将项目成果快速转化为现实应用。各国的创新竞赛的最终阶段基本都会有促进成果转化的相关机制，如 DARPA 挑战赛的成果转让方式由 DARPA、军方代表和参赛方共同决定，军方代表和 DARPA 可选择感兴趣的技术，并与参赛团队直接接触，共同制订技术成果转让计划；参赛方也能自行决定技术转让方向和应用领域，并作为潜在研发力量成为军方选择的对象。SPRIND 的挑战赛项目成果的知识产权归参赛团队所有，但 SPRIND 拥有免费非独占使用权，将为研发成果寻找潜在的应用客户，如其"新计算概念挑战赛"在第二部分的比赛中专门设置了对接机制，为在第一部分开发出新计算方法的团队与硬件制造团队牵线搭桥，使新方法能够得到快速应用。

第八节　平均资助

平均资助是将研究预算按相同比例分配给有资质的科学家，其优势是避免同行评议偏见，科研管理负担小。当前并未出现平均资助的实践案例，但大学、科研院所为所有研究人员发放工资，以及一些高覆盖率的计划等，可以作为平均资助的变体。

一、日本"下一代研究者挑战奖学金"计划

"下一代研究者挑战奖学金"计划于 2021 年设立，旨在对有自由想法并有志进行挑战性研究的所有年级的博士在读生提供生活资助和研究资助，年资助额为 220 万 ~ 290 万日元。作为对优秀博士的资助，该计划覆盖至全部提出申请的博士生。大学以"计划"形式提出申请，资助经费划

拨至通过评审的大学，再由大学分配给提出申请的博士生。因此，各学校学生获得的资助额并不完全一致。以筑波大学为例，特别优秀的学生约占25%，年资助额为 290 万日元，包括 240 万日元的生活费和 50 万日元的研究经费；优秀学生约占 75%，年资助额为 272 万日元，包括 222 万日元的生活费和 50 万日元的研究经费。其中，研究经费可用于海外出差、购买实验用品、发放劳务费等。

二、相关研究

有学者对平均资助进行了研究，以 "How much would each researcher receive if competitive government research funding were distributed equally among researchers?" 为例进行说明，该论文发表在综合型期刊 *PLOS ONE* 的 2017 年第 9 期。

（一）研究目的

对平均资助的最尖锐的反对意见是：这将导致严重的资源稀释。论文对相关的两个问题进行了研究。一是如果对竞争性同行评议分配的政府预算进行等额分配，荷兰、美国和英国的研究人员能够获得的基线资助额度。二是进一步研究了如果能够区分低成本、中成本和高成本学科，荷兰研究人员能够获得的资助额度。

（二）研究方法

对于第一个问题，首先估算了每个国家竞争性评审分配的政府预算总额，这里不包含拨给大型基础设施和特定研究机构的非竞争性资金，以及委托研究资金。接下来，估算了有资质的研究人员数量，即初级和高级教师。两个数值相除即为基线资助额度——假设所有研究领域都得到同样的支持力度，在当前资助规模下，每个研究人员所能获得的基线资助水平。

对于第二个问题，根据英格兰高等教育基金委员会使用的学科成本分类，将不同的学科分为"低成本学科""中成本学科""高成本学科"，他们的成本权重分别为1.0、1.3和1.6。对于不同成本的学科，确定了博士生和博士后的平均雇佣率，计算出五年内不同成本学科的研究人员雇佣博士生和博士后所需经费。随后计算出每年的差率和设备预算。研究结果见表3-6、表3-7。

表3-6　不区分学科成本的个人研究人员和5人研究团队的五年预算

单位：万美元

国家	个人		5人小型研究团队	
	五年预算总额	差旅和设备五年经费	五年预算总额	差旅和设备五年经费
荷兰	50.7	16	253.5	80
美国	59.9	41.8	299	210
英国	36.4	14.3 ~ 22.7	180	71.7 ~ 110

表3-7　区分学科成本的荷兰个人研究人员和5人研究团队的五年预算

单位：万美元

学科	个人		5人小型研究团队	
	五年预算总额	差旅和设备五年经费	五年预算总额	差旅和设备五年经费
低成本	29	11.8	145	59
中成本	45.5	15.4	227.5	77
高成本	71.5	18.9	357.5	94.5

研究结果表明，即使最终出现资源稀释，更广泛地平均分配资金是可

行的。以荷兰为例，在 60% 的研究人员可以获得基准资助的情况下，小型研究团队可支配的经费预算参见表 3–8。

表 3–8　60% 研究人员获得基准资助：区分学科成本的荷兰个人研究人员和 5 人研究团队的五年预算

单位：万美元

学科	个人		5 人小型研究团队	
	五年预算总额	差旅和设备五年经费	五年预算总额	差旅和设备五年经费
低成本	48.7	31.6	243.5	158.0
中成本	71.1	41.0	355.5	205.0
高成本	103.1	50.5	515.5	252.5

（三）研究结论

虽然平均资助的资助水平远远低于高级竞争性计划，如荷兰 NWO's Vici Grants 为 150 万欧元，欧洲 ERC 高级资助项目为 250 万欧元，美国 NIH R01 计划为 170 万美元，但是，这些计划的成功率只有 10% ~ 15%。而研究结果表明，平均资助在保证研究人员维持当前的博士生和博士后雇佣水平的基础上，还能够拥有适度的（如英国）和可观的（如荷兰和美国）差旅和设备预算。

因此，对于平均资助导致资源稀释的担忧是不合理的。事实上，与当前竞争激烈的资助项目相比，平均分配的公平性要更高。减少对研究工作的评审，将增加研究方向的多样性，进而促进科技进步。

有一种担心是，缺乏强有力的激励可能导致卓越研究人员退出科学领域。但另一方面，激烈的竞争中只有少数精英能够获得超级奖励，会导致很多未能充分发挥潜力的人才正在退出科学领域。

第九节　资助政策建议

我国正处在科技跃升时期，应建立以人为核心的尊重科研规律的人才资助体系。建议根据科研人员的专业领域、需求特征、兴趣志向，探索多种资助模式，充分发挥科研人员的奇思妙想。

一、针对开创性人才资助的建议

实现高水平科技自立自强，需要实现从"0到1"的创新，归根结底要支持开创性的思想。美国对基础研究开创性人才的资助机制，对我国具有较好的启示。建议如下。

（一）实施基础研究"探路者计划"

计划要资助基础研究领域的开创性人才，让他们在安稳环境下，大胆实践其他计划无法支持的开创性想法，推进新研究前沿，革新研究方法。

计划每2年开放一次，每次支持30人。候选人应是活跃在一线的佼佼者（35～50岁），以"原创性"和"跨学科"为评价标准。

计划采用稳定支持模式，以5年为一个周期，考核通过后延续支持，实现10年或以上的安稳资助。实行符合开创性研究高风险特征的考评标准和考评方法，放宽阶段性评估，每年提交进展报告即可。5年期满考核时不单纯审核科研成果。也就是说，即使当下没有实现目标，但只要体现出足够的创造性，也可以续期让"探路者"继续探索；资助经费应能充分保障科研需要，开支范围充分体现人才资助的特点，将人力成本全部包含在内。受资助人及其团队要保证必要的研究时间，原则上不再申请其他渠道的竞争性研究项目。

（二）完善我国科学基金、科学捐赠的税收激励政策

对社会公益基金会下设的科学研究专项实行二次优惠政策。如"新基石研究员项目""科学探索奖"采取由腾讯公司注入腾讯基金会、再由基金会支持基础研究的方式。对于此类科学研究专项，允许公司在享受公益捐赠一次优惠的基础上，补齐与"企业研发费用加计扣除比例"的差额（二次优惠）。

对科学捐赠加大优惠力度。适当提高现金捐赠税前扣除比例，如企业允许 20% 甚至更高，个人允许 50% 甚至更高，允许捐赠者不足扣除部分可以向后结转 5 年（现有企业公益捐赠扣除比例为 12%，向后结转 3 年，个人没有扣除）。

二、针对科研定制资助的建议

科研定制资助是指在战略性领域对科研人员进行定制支持。不预设申报指南，项目来源于定制人才与团队的新概念和新创意。由定制的人才围绕国家重大需求和科技前沿自主选题、自主创新，以竞争性方式或磋商形式形成研发项目。

科研人员"定制"模式让卓越人才自行发掘研究主题，打破了项目指南的束缚，适用于自由探索、重大创新等。建议我国在国家重大科技计划、基础研究重大项目中，在申报指南模式的基础上，探索科研人员"定制"研发主题的模式，促进开创性的重大成果的诞生。

法国将"定制"模式创新性地应用在了国家目标的重大计划中，为了确保"定制"主题的卓越性，其同行评议制度值得借鉴。探索型 PEPR 同行评议委员会全部由国际专家组成，对专家的考察要素包括：科研能力、科研组织和管理能力、对法国科研环境和法语文化的熟悉程度、多学科背

景等，跳出了国内小同行圈子，确保项目评审的公正性和入选项目的先进性。建议我国在国家财政拨款计划的非敏感项目评审中推行国际化同行评议制度，提高人才和研究的国际影响力和竞争力。

三、针对随机资助的建议

随机资助的国际实践是在符合资质的科学家或项目中，或者在同行评议得分差别极小而无法选出优胜者的情况下，通过随机的方式选出优胜者。其主要特点体现在以下几点。

（一）适用领域——基础研究、高风险项目等

事实上，由于随机资助具有赌博性质，无法回应公众对于公共科研经费配置有效性的质疑，因此，随机资助适用范围较小，主要用于：

基础研究。FQxI 的支点奖金面向物理学和宇宙学，资助额度不超过 1.5 万美元。这是由于基础研究不确定性高，且很多领域如数学、物理学等的研究成本较低，随机资助的优势可以充分体现。

高风险项目。新西兰卫生研究委员会探险者拨款计划主要面向不确定性较大的探索性研究。

青年人项目。要发现青年人才，在人才池中"捞一网"的随机模式具有得天独厚的优势。SNSF 博士后流动基金面向青年人才，2021 年的资助率为 49.4%，本身成功率极高。

为了研究社会各界对随机分配机制的接受程度，有研究人员对 2013—2019 年新西兰卫生研究委员会的申请者进行了问卷调查，结果显示，有 63% 的受访者支持采用随机分配的方式对探险者项目进行经费分配；对其他类型的经费采用随机分配机制的支持者则减少到 40%，而且 37% 的受访者明确表示反对。

（二）资助对象——不会降低申请质量

随机资助的资助对象需满足一定条件：如 FQxI 支点奖金的"门槛"是会员，SNSF 的"门槛"是得分相近的项目，新西兰卫生研究委员会的"门槛"是获得三分之二同行评议赞同票的项目。这些科学家和项目都是经历了同行评议才进入随机阶段，所以随机资助并不会降低申请质量。

（三）机制优势——某种程度上弥补同行评议的缺陷

随机资助并不是单独使用的，而是作为辅助手段配合同行评议制度使用。

对同行评议的主要质疑有两个：一是其科学性，同行评议难以识别开创性思想。二是其公正性，评审专家可能带来人为的偏见。随机模式能在利用同行评议有效淘汰较差研究的基础上，一定程度上保护探索性开拓性研究，并在评审的关键时刻避免可能产生的腐败。

随机资助使用范围相对较小，主要用于成本低、智力密集、不确定性较高的领域。我国尚未开始相关探索。建议有关部门可在基础研究、高风险种子基金、青年人才早期支持等项目中，将其作为一种组合机制进行小规模试验；如在专家评分相等或相近的项目中使用。

四、针对科研举荐资助的建议

科研举荐资助可作为当前竞争性科研资助方式的一种有效补充，充分发挥在本领域已有所建树的专家学者的"识人"本领，提高人才遴选的效率。为此提出以下建议：

第一，国家重大项目增设基于举荐制的人才推荐途径，建立举荐人名单。名单中应包括国家级科技奖项获得者、国家认定的战略科学家、院士、国内双一流大学的校长、高水平科研院所负责人等，在得到被推荐人同意后进行推荐。项目管理部门通过同行评议对被推荐人及其申报项目进行评审，通过后则进行立项。

第二，面向青年研究资助计划增设基于专家举荐制的立项方式，建立"青年学者侦察员"群体。有意愿推荐优秀青年研究人员承担计划项目的国内高水平研究人员可随时申请成为侦察员，在评审通过后给予其特定时间段内多次推荐机会。若被推荐人通过审核得以立项，则侦察员在被推荐人开展项目的过程中提供指导。

第三，在对经举荐制立项的科研项目结题评审后，也要对推荐人进行评价。如所推荐人选是否达到优秀水平，在青年研究项目中是否为被推荐人提供一定指导等。推荐人的任期设定为3年，到期后可再次申请成为推荐人，此前的推荐评估结果可作为再次申请时的评审依据。

五、针对科研生涯资助的建议

优秀科研人员的培养不是一蹴而就的，只有对优秀的科研人才的整条成长之路进行有针对性的资助，才能达到人才培养的最佳效果。

第一，根据处在不同学术生涯阶段科研人员的特点设计更有针对性的资助计划。分别针对刚刚进入科研领域的博士和博士后研究人员、已经取得一定成果或具有5年以内研究经验的青年研究人员，以及在本领域有所建树的资深研究人员设立不同的资助计划，并根据三类申请人的普遍特点和需求确定资助计划的申请条件、资助目标和评审标准，使资助项目不仅能够推动我国科技水平的进步，同时也能促进不同阶段研究人员自身的成长。

第二，对科研生涯资助类项目的管理采取更加灵活的方式。一方面不对项目的目标、研究领域、研究方法等做过多限制，鼓励科研人员在自身领域内开展自由探索。另一方面采取多样化的资助方式，如在科研机构设立临时研究职位、提供研究费用、提供奖学金等。

六、针对会聚研究资助的建议

会聚研究是当前全球科研界的讨论热点，高水平的科技创新越来越需要多学科、跨领域知识和研究思路的融合，不同学科的研究人员需要开展有效的合作，以不断识别新领域，打开新思路，因此要更加重视对会聚研究和会聚研究能力的资助和培养。

第一，研究设立专门的会聚研究资助计划。在国家自然科学基金项目中增设会聚研究类别，支持不同研究组跨学科、跨地域、跨机构交流和形成网络。设计专门针对会聚研究资助项目的选题、评审、立项、管理和评估机制，打破不同学科的语言壁垒，真正使不同学科的研究人员面向共同的研究目标通力合作。

第二，鼓励和支持各研究院所、大学制定有利于会聚研究发展的政策和制度，培育会聚研究文化。鼓励科研院所不同研究部门和大学不同院系的研究人员开展定期和非定期学术交流，了解不同学科的发展动态。针对不同学科领域研究人员希望共同申请研究项目的情况，提供专门研究资助，鼓励其开展会聚研究探索，同时若研究未取得预期成效，不设立惩罚机制。

第三，加强对研究人员和科研团队会聚研究能力的培养。在开展会聚研究项目前为研究团队提供专门的会聚研究能力培养课程，提高团队成员的会聚研究意识和交叉研究本领。在科研院所和大学培养青年研究人员的课程中增设会聚研究方法等相关内容，使研究人员自研究生涯伊始即具备会聚研究意识，主动思考不同学科交叉融合的可能性。

七、针对创新自荐资助的建议

创新自荐资助有助于鼓励科研人员开展自由探索，特别是对于基础研究能够发挥重要的支撑作用。同时，创新竞赛类的资助模式通过集思广益，不仅能够快速找到解决问题的有效方法，还能识别出一些优秀的科研人才和团队，是一种高效的创新资助模式。

第一，设立基于自荐制的基础研究资助计划。该资助计划不对项目的主题、目标、领域等做过多限制，只要符合条件的申请人均可自主申请。项目采取更加灵活的管理方式，既可为申请人在本单位开展研究提供项目研究经费，也可允许申请人到其他高校或科研院所作为临时研究人员开展研究，并提供相应费用和工资支持。

第二，完善当前的创新竞赛和挑战赛模式。学习美德法在举办创新竞赛和挑战赛时采取的一些良好经验，如为参与竞赛的队伍配备一位"创新教练"，负责对团队进行全程指导，帮助团队合理设计比赛计划和团队协作方式，并在成果转化、与需求方对接方面提供法律、程序等相关咨询建议。

八、针对平均资助的建议

平均资助模式不符合科学进步由精英科学家主导的认知，其依据是与"精英说"相对的"大众说"（抑或称之为"奥尔特加说"）。西班牙思想家奥尔特加指出，社会大众将逐渐取代社会精英，成为社会文化等各个领域的支配力量。在科学界，科学应是集体成果。近年来，国内外出现了对"精英说"反思的声音。吴家睿指出，"精英中心化"的科研范式使得科研体系高度内卷、封闭。32 位科学家在《美国化学学会期刊》发文倡议关注"边缘科学家"，认为科学卓越往往被定义为具有广泛社会影响的重大发现。因此，牛顿、爱因斯坦等被视为科学英雄和科学天才。这种狭隘的卓越观将导致资源集中到少数科学家手里，限制了新思想多样化和跨学科发展。

对于平均分配最大的担忧在于资源稀释，每位科学家只能得到一小部分资金。对于研究成本很高的学科领域，或者需要大规模系统集成的研究工作，这些资金可能无法产生回报。但是对于某些领域的科学家，小量资金可能会发挥相当可观的作用。例如，数学领域的科学家可以在小量资金的资助下，在短时间内取得巨大成就。

平均资助模式适用于对职业生涯初期的科研人员提供普惠性支持，或对低成本学科的研究人员提供普惠性支持。

平均资助在世界范围内并未真正出现，但许多国家已开始了对平均资助变体性实践的探索。建议我国有关部门加强相关研究，可考虑对职业生涯初期科研人员提供普惠性支持，或者对低成本学科研究人员提供普惠性支持，以发现优秀的思想和人才。

（执笔人：孙浩林、张翼燕）

第四章
以人为核心的评价机制

　　同行评议作为现代科技评价最普遍的方式，为推动科学技术发展和进步起到了至关重要的作用。它采用"少数服从多数"的原则，由同行对项目申请和科研产出绩效做出评审，能在相当程度上避免官僚主义，以及少数人说了算的"一言堂"现象。但也正是由于这种制度过于强调"共识"，因此在评审过程中不可避免地会出现保守倾向，可能遗漏甚至扼杀某些超出同行人士常识和认知的项目和成果，对思想活跃、创意十足的一些优秀年轻科研人员的成长不利。如华裔诺贝尔奖得主丁肇中先生所言，科学很多时候是多数人服从少数人的事业。为了克服同行评议中的弊端，许多国家进行了有益的探索，本章主要对 NSF、NIH、UKRI 的做法进行了介绍和分析。需要指出的是，这些做法同样不完美，甚至存在弊端，有时候也会受到评审人和决策人局限性的影响。因此在做科学评价时，应根据实际情况灵活采取不同的方式，尽量避免错误和遗漏的产生。或许正如科学本身一样，科学评价也永远不可能有最终答案，而是会一直在路上。

第一节　同行评议制度

同行评议是指利用若干同行（即有资格的人）的知识和智慧，按照一定的准则，对科学问题或科学成果的潜在价值或现有价值进行评价，对解决科学问题所使用方法的科学性及可行性给出判断的过程。同行评议虽然最早始于 15 世纪欧洲专利申请的查新（更广义的同行评议甚至起源更早），但真正成为科学评价（无论是针对科研论文、期刊还是科研项目）的基石，则被公认为是 20 世纪中叶以后的事。20 世纪 50 年代初，NSF 采用同行评议评审科研项目，以决定是否予以资助，首开同行评议在科研管理中应用的先河。自此，该制度在欧美各国、继而在世界各国得到了广泛的推广和应用。

一、NSF 的同行评议

在同行评议阶段，收到项目申请书后，首先由 NSF 项目官员进行初审，确保申请书的完整性且符合 NSF 的要求，特别是符合"项目申请与资助政策及程序指南（Proposal and Award Policies and Procedures Guide）"的要求（图 4–1）。如果符合，NSF 项目官员至少需要邀请 3 名外部同行评议人对项目申请书进行审议。评议人在对申请书进行评议时，须依据美国国家科学委员会（NSB，NSF 的决策和监督机构）确立的两项"择优评议"标准——（项目的）学术价值和更广泛的影响——来审议（表 4–1）。

为了符合这两项标准，同行评议人应考虑 5 个因素：①拟申请的研究项目是否有潜力推进本领域或跨学科领域的知识和见解（学术价值）？是否有可能造福社会或获得所期望的社会影响（更广泛的影响）？②拟议中的研究项目在多大程度上探索了原创性或变革性概念？③开展拟议中的研究项目的计划是否合理？是否组织得严谨和有条理？计划是否包含评价成功的机制（包括指标）？④开展拟议中的研究项目的个人、团队和机构是否胜任或合格？⑤研究人员是否有足够的资源来开展拟申请项目的研究活动（无论是通过所在机构还是通过合作）？

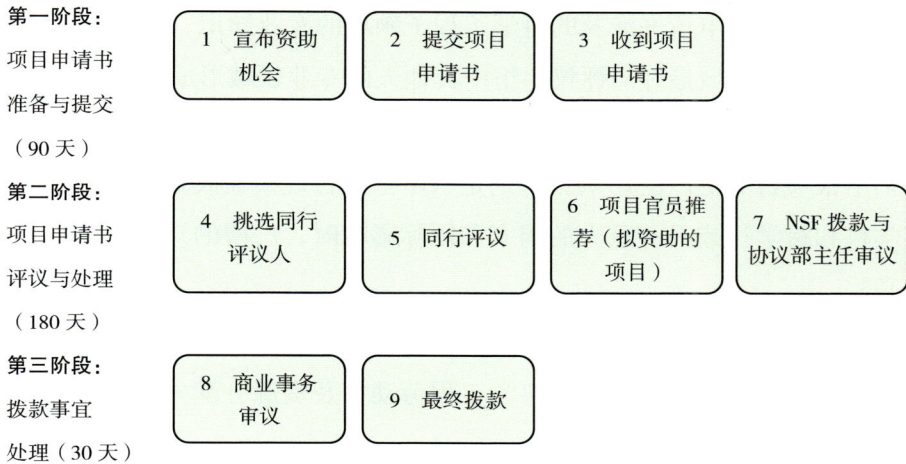

第一阶段：
项目申请书
准备与提交
（90 天）

| 1 宣布资助机会 | 2 提交项目申请书 | 3 收到项目申请书 |

第二阶段：
项目申请书
评议与处理
（180 天）

| 4 挑选同行评议人 | 5 同行评议 | 6 项目官员推荐（拟资助的项目） | 7 NSF 拨款与协议部主任审议 |

第三阶段：
拨款事宜
处理（30 天）

| 8 商业事务审议 | 9 最终拨款 |

图 4-1　NSF 的同行评议程序示意

表 4-1　NSB 认可的两项同行评议评审标准

学术价值	更广泛的影响
推进知识前沿的可能性	惠及社会及对某项社会成就做出贡献

同行评议专家的评估作为重要考量因素交给 NSF 相应的项目官员，后者根据这些外部专家的意见进行综合考虑，对拟资助或拒绝哪些项目提出建议，若部门主任（Division Director）同意，建议最后交由拨款与协议部（Division of Grants and Agreements）处理，进入拨款阶段。所以项目官员对某项目是否给予资助或拒绝也起到很大影响。

NSF 每年平均要开展大约 240 000 次同行评议，因此 NSF 尽力扩大同行评议人员的规模和多样性，这样的好处是评议过程中可以吸收更多的观点。事实上，NSF 的同行评议人来自学术界、产业界及政府部门各界。

NSF 挑选同行评议人的考量因素是必须能够给予项目官员所需要的恰当意见，令后者在挑选推荐项目时能够根据国家科学委员会确立的两项标准给出好的建议。因此，同行评议人应符合以下要求。

①具有项目申请书涉及的科学工程子领域的专业知识，在合理范围内，评议人的专业领域最好与评议小组中其他人的专业领域形成互补。

②除具备具体领域的专业知识外，还应具有更广博和通用的知识以便评估申报项目的更广泛影响。特别是当申报项目规模大或很复杂，如涉及多学科和跨学科或具有重大的国家和国际影响时，广博的知识和经验就成为必需。

③具备科学工程基础设施及其相应的教育活动方面的广博知识，以便能够对项目是否对社会目标、科学工程劳动力及资源分配方面具有贡献作出评估。

④同行评议小组成员的来源尽可能多元化，包括所代表的机构，年龄和地理上的分布，以及性格上达到互补和平衡等。

可通过自荐成为 NSF 的同行评议人。要成为 NSF 的一位同行评议人，可以向个人所属领域的项目办公室发邮件，说明自己对成为同行评议人感兴趣，并介绍个人及所属领域的情况，最好附上 2 页的个人简历和个人联系方式。

二、NIH 的同行评议

NIH 对申报项目实施双轮同行评议系统（Dual Peer Review System，即评审过程分两轮进行）。第一轮由科学评议小组评审，科学评议小组主要由联邦政府机构以外的科学家组成，他们拥有项目所涉领域的专业知识。在此阶段，同行评议人员需要分别从以下 5 个方面对申请项目打分（每个方面均需要打分）：项目的意义和重要性（Significance）、研究人员的水平、创新性、研究方法或手段、环境。并据此给出一个总体影响（Overall Impact）分。对于所有申请，同行评议人针对以上 5 项标准所给出的个人打分都将告知项目申请人。如有必要的话还需要参考以下标准给出总体影响分数，但无须对每一项单独打分，这些额外标准是：研究进度，保护人类受试者，项目是否包含女性、少数族裔和儿童，是否使用脊椎动物，是否有生物危害性（Biohazard），是否需要重新提交（Resubmission），提交内容是否需要更新（Renewal），申请书是否需要修订（Revision）。

这一初步的总体影响分通常决定一个项目是否能在评审会议上被充分讨论。如果在会议上被讨论，则科学评议小组成员还会针对项目给出一个自己的最终总体影响分数。申报项目的最终分数就是所有评议人给出分数的平均值乘 10。NIH 打分采用 9 分制（1 为最好，9 为最差），因此最终分数在 10（最好）到 90（最差）之间。只有排名在前百分之几的申请书（具体百分之几，NIH 各研究所和研究中心的要求不同）才能进入下一轮评审。

NIH 还建立了一套同行评议上诉机制。为研究人员或申请机构提供一个（第一轮过后）被重新考虑的机会。如果申请人认为评审过程存在评审人的成见、利益冲突、缺少相应的专业知识，一个或多个评审者确实出现失误导致结果受到实质性影响等原因导致偏差或错误，就可以对评审结果提出上诉，要求复审。但如果仅仅是在科学问题上存在不同意见、不符合上述标准或未取得所在单位授权人的同意，或对授予研发合同的同行评议本身提出质疑等，则不予受理。

通过第一轮评审的项目进入第二轮评审。第二轮由 NIH 下属各研究所或研究中心的"顾问委员会（National Advisory Councils or Boards）"组织开展，各委员会成员由 NIH 下属的各个研究所或研究中心挑选，他们既有来自科学界的，也有来自社会其他领域的，但其兴趣和活动均与健康和疾病相关。此轮具体程序如下：①由 NIH 项目官员根据各研究所或研究中心的工作重点对申请书进行检查并参考第一轮同行评议得出的"总体影响分"和各申请书的百分比排名（Percentile Rankings）；②项目官员向顾问委员会提交资助计划；③如果项目申请人已经从 NIH 接受了 100 万美元或以上的直接经费资助，则委员会成员要对该项目申请人的资助申请进行特别审查，以确定这位已经得到充足经费支持的申请人是否应得到额外资助，但这不代表 NIH 对个人的资助额度有上限；④各委员会在考量各研究所或研究中心的目标和需要的基础上，向各研究所或研究中心主任提出最终资助建议；⑤各研究所或研究中心主任根据项目官员和各委员会的建议做出最终资助决定。

三、UKRI 的同行评议

UKRI 每年要花费纳税人 80 亿英镑来资助创新与研究活动，以保持英国在科技开发方面的世界地位。UKRI 意识到，申请项目需要的资助永远比能够支持它们的钱多得多，因此需要在予以资助和不予资助中做出选择，UKRI 每年要做出上千次这样的选择。截至目前，同行评议也是 UKRI 评审申报资助项目的核心方式，评审专家主要从学术界和商界挑选，尽可能保持评审过程的独立性和公正性。

以 UKRI 中的医学研究理事会（Medical Research Council，MRC）为例，MRC 平均每年收到大约 1800 份资助申请，平均约有 23% 得到资助（MRC 承认，有许多未获得资助的申请也具备国际竞争力）。为确保评审过程公正、严谨，做出高质量的决策，MRC 采取的也是类似美国 NIH 的两阶段同行评议方式。

第一阶段是外部专家评议。MRC 将收到的申请发给相关领域的独立专家。一般至少发给 3 名专家，规模较大、更复杂或跨学科的项目计划书，往往需要更多的外部专家。项目申请人自己可提名多达 3 名评审专家，但最多只有 1 名被提名的评审专家可以被 MRC 接受，MRC 也可能不接受任何 1 名由申请者提名的评审专家。MRC 要求评审专家依据 3 个"核心标准（Core Criteria）"来考量申请项目：一是看申请项目拟要解决问题的重要性。二是看申请项目在科学上的可能性，即申请资助的研究项目所提出的问题是否有可能得到解决，是否在其他地方还未得到解决。三是要求所开展的研究工作符合伦理道德，有好的方法论，有合适的研究环境和研究人员。此外，MRC 要求专家考虑财政资源——拟申请项目的重要性及在科学上的可能性是否与所要求的资助金额相匹配。根据上述标准，评审专家给出自己的评议意见，并打分（从 1 到 6）。

第二阶段是研究理事会内部委员会或小组（Internal Board and Panel Assessment）的评议。这一阶段包含两个步骤。第一步是筛选或确定最终候选名单。此时，MRC 内部委员会的成员已经有了外部评审专家的意见，依据这些意见，成员对每份项目申请书进行进一步审议，并由研究委员会（指 MRC）的分委会（通常至少包含 4 名委员会成员和委员会正、副主席）确定最终候选名单。候选名单中的申请书将进入下一步的"分拣会议（Triage Meeting）"程序，在会上全体委员会成员都将出席，在分拣会议上确定最终予以资助的项目。

事实上，尽管 UKRI 对同行评议制度存在的问题和争议有很多反思，对该制度的批评主要集中在以下四方面：①在本质上容易规避风险；②容易导致个人偏见和群体思维；③对评审专家来说太耗费时间；④不能可靠地区分处于资助与不资助边缘的项目申请书。

第二节　对非共识项目的评议

同行评议通常依据少数服从多数的原则追求"共识"，但"少数服从多数"达成的"共识"未必是正确的决策。在同行评议中，由于评审专家往往依据各自现有的认知进行判断，并"期望"拨出的资金能够产生"预期的结果"，因此即便不考虑他们的失误和偏见，也可能错失有变革性潜力的项目。从 NSF 规定的在同行评议打分时所考虑的几项因素就可看出，它对项目结果、研究人员资质、所需计划和资源有"先入为主"的预期和要求，而一些"非常规""变革性""高风险""高回报"项目是很难做事先规划的，或无法规划得十分严谨。为了尽可能减少这类错误，近年来，NSF、NIH 等西方科研资助机构，开始积极寻找优化同行评议制度的办法，特别是积极探索对"非常规""颠覆性"等传统同行评议手段难以识别的非共识项目的支持，取得了一些经验和成效。

一、少数服从多数形成的"共识"有自身难以克服的缺陷

著名华裔科学家丁肇中曾说过，科学是多数服从少数，只有少数人把多数人的观念推翻以后，科学才能向前发展。历史上常常存在这样的情况，起初真理不在多数人手里。例如，哥白尼、伽利略、达尔文、爱因斯坦，他们的学说曾经在长时间内不被多数人承认或理解，反而被看作是错误的东西，当时他们是少数，但真理在他们手里；而同行评议中的专家往往以现有的知识和认知作为评判依据，如果遇到超出现有认知边界太多的情况，同行评议未必能做出正确的判断或评价，再加上它往往要求被评价的项目提供初始数据以证明其可行性，因此可能会错失某些颠覆性的提法和创意。2012 年 *Nature* 曾发表名为《一致性与获得资助》（"Conform and be Funded"）的文章，该文对 21 世纪美国 NIH 资助的项目进行了研究，结果表明大多数 NIH 的项目申请人得到了 NIH 资助，却没有发表高引用论文；反之，大部分高引用论文并没有得到 NIH 资助。2015 年《美国国家科学院院刊》（PNAS）曾发表一篇名为《衡量科学把关的有效性》（"Measuring the Effectiveness of Scientific Gatekeeping"）的论文，该文分析 1008 份顶级期刊的稿件评审意见后发现，同行评议能够识别出良好的研究论文，但一般不能识别出高创新性的稿件；高创新性稿件往往被高影响因子期刊拒绝，之后发表在低影响因子期刊上。2019 年刊登于 Nature 的《大团队发展科学技术，而小团队颠覆科学技术》（"Large Teams Develop and Small Teams Disrupt Science and Technology"）则对 1954—2014 年超过 6500 万篇论文、专利和软件产品，以颠覆性指标（Disruption）作为科技成果的创新性量化指标作了分析，结果发现：3 人以下的小团队创新性明显比大团队高，即提出新的想法、发现新的机会的概率更大；反之，大团队往往跟随在小团队后面进行后续的研究。进一步对 2004—2014 年发表的论文分析发现：小团队得到资助后，其论文的创新性变得和大团队类似。这可能是由于保守的资助评审过程（Conservative Review Process）扼杀了小团队的创新性。也就是说，颠覆性或激进式创新所蕴藏的多数人服从少数人的特性往往与同行评议所追求的"少数服从多数"的原则相背离，因此在现有同行评议制度下往往无法得到正确和公正的评价。

二、NSF 对"变革性"项目的资助机制

（一）探索性研究早期概念资助

一些自由探索类基础研究由于具有目标和成果不确定的特点，在申请立项时很可能无法被大多数评审专家认可，若按照正常的项目申请流程处

理则很难最终得到立项。对此类非共识研究项目进行支持所需承担的风险较高，但一旦成功便有可能创造较大的经济和社会价值，甚至为某个领域的未来发展乃至人类生产生活方式带来巨变。NSF 的"探索性研究早期概念资助（Early-concept Grants for Exploratory Research，EAGER）"正是针对此类非共识、"变革性"自由探索类基础研究项目提供的资助计划。具体来说，EAGER 项目用于支持处于早期阶段、未经验证但具有变革潜力的研究思路和方法——比如采用了完全不同以往的研究手段或应用了新的知识和技能，或者从新学科或跨学科的角度重新审视了问题。也就是说，EAGER 项目通常具备"高风险、高回报（High Risk，High Reward）"的潜质和特质。能够适用 NSF 常规项目支持机制的项目不在 EAGER 计划的支持范围之内。

EAGER 计划的项目评审不需要外部同行评议。项目申请人在提交申请前需要首先联系与自身研究主题最接近领域的 NSF 项目官员，由其帮助申请人判断拟申请项目是否符合 EAGER 计划的申请要求。申请人在项目申请书中也必须清晰地说明拟申请项目为何适用于 EAGER 计划，以及为何不适用于 NSF 的常规资助计划。

与 NSF 常规项目的申请和资助程序相比，申请 EAGER 项目资助具有以下一些显著特点：①首席研究员在提交 EAGER 申请书之前须与 NSF 的一名或多名项目官员（其专业背景与所申请项目最相关）取得联系，接受适合性评估，看提交的申请是否适合这类资助。②申请书中对项目描述的部分要比常规项目简短，5～8 页篇幅即可；但要明确陈述为什么申请人的项目适合 EAGER 资助而不适合现有的其他资助方式。③ EAGER 计划通常只在 NSF 内部评审，即只限于 NSF 内部的人员参与，不从外部聘请专家，这样可以缩短提交申请书与资助之间的时间。在少数情况下，项目官员会选择参考外部专家的意见以帮助其决策。不过此种情形下，为保持评审与推荐过程的透明度，吸收了外部评审意见的项目会告知首席研究员。NSB

确立的两项"择优评议"标准仍然适用于 EAGER。④ EAGER 项目每项最多资助 30 万美元，期限最长 2 年。⑤ EAGER 项目不接受复议。⑥ EAGER 项目在执行过程中如果要求延长结项期限或追加投资，须根据 NSF 的标准政策和程序来处理，即必须接受外部同行评议。⑦更新对 EAGER 项目的投资，需要重新提交一份经过外部专家"择优评议"的计划书，这样的计划书会被指定为"EAGER 更新计划书（EAGER Renewals）"。

（二）快速反应研究资助

同样由 NSF 设立的"快速反应研究资助（Grants for Rapid Response Research，RAPID）"是一种对遇到严重紧急情况时需要使用数据、设施或特殊设备，来应对包括自然或人为灾害，或者无法预料的事件时开展的快速响应研究资助。首席研究员在提交项目申请书之前必须联系与拟申请领域最相关的 NSF 项目官员。其他要求包括以下几点。

①项目申请书必须简洁明了，不能超过 5 页。但必须阐明为什么拟申请的研究项目非常紧迫，且 RAPID 是开展这项研究最恰当的申请渠道。

②项目名称前须冠以"RAPID"字样。

③ RAPID 项目只要求进行内部评审（即只邀请 NSF 内部专家或项目官员评审）。在某些情形下，项目官员可能会吸收外部专家的意见来帮助其决策。但在此种情况下，首席研究员会被告知，以保持评审和推荐过程的透明性。NSB 确立的两项"择优评议"标准仍然适用于 RAPID。

④ RAPID 每项资助最高 20 万美元，持续时间 1 年。

⑤ RAPID 项目不接受复议。

⑥如果项目需要延期或追加投资，须遵循 NSF 的标准流程和政策。

⑦更新对 RAPID 项目的投资，须递交一份必须通过外部专家"择优评议"的计划书，这样的计划书会被指定为"RAPID 更新计划书（RAPID

Renewals）"。

（三）跨学科科学工程研究资助

"跨学科科学工程研究（Research Advanced by Interdisciplinary Science and Engineering，RAISE）"资助用于支持大胆的、跨学科的项目。申请 RAISE 资助的研究人员在递交正式项目申请书前必须先取得至少 2 名 NSF 项目官员（其专业背景与申请书的题目最接近）的批准。另外，NSF 的 RAISE 项目征集通知中可能会要求申请人在提交正式的申请书前先提交一份"研究概述（Research Concept Outline）"，或类似的文件，通常这一概述篇幅不超过 2 页。此外，对 RAISE 项目的其他要求还有：① RAISE 项目必须符合 NSF "项目申请与资助政策及程序指南"中第一部分的描述，除非特别说明；② NSF 不接受多家机构联合申请，合作类的项目必须以一家机构为申请单位，合作机构只能作为子申请单位；③申请人最高可获资助 100 万美元，最多历时 5 年；④申请书中必须明确解释为什么该项目更适合申请 RAISE 资助而非常规项目；⑤ RAISE 项目与 NSF 其他"非常规"项目一样，只在 NSF 内部开展评审，如需吸收外部专家的意见，首席研究人员会被告知以体现评审和推荐过程的透明性；⑥ NSB 认可的两项评审标准（即学术价值和更广泛的影响）也适用于 RAISE 项目的评审，在学术价值的考量中，项目的跨学科及颠覆性等特质将被特别看重；⑦符合评审标准的前提下，负责评审的 NSF 项目官员可以决定是否推荐 RAISE 项目与其他项目共同接受资助；⑧ RAISE 项目不接受复议；⑨如要求延长期限或追加经费须根据 NSF 的标准政策和程序执行；⑩ RAISE 项目不接受更新资助。

可见，EAGER、RAPID、RAISE 等项目（表 4–2）在评审时为了避免同行评议的弱点，采用了类似美国 DARPA 式的由项目官员决定是否资助的方式，但这对 NSF 的项目官员的能力提出了很高的要求，要求其具备很高的已知和未知之间的边界感知能力。

表 4-2　NSF 的几种"非常规"项目

	EAGER	RAPID	RAISE
提交正式申请书前是否需要联系相应项目官员并取得同意	是	是	是，最少取得 2 位 NSF 项目官员的批准
项目描述	简短，5 ~ 8 页	简短，不超过 5 页	简短，不超过 2 页
是否只进行内部"择优评审"	是	是	是
资助规模及时限	每项最高 30 万美元（含间接经费），最多 2 年	每项最高 20 万美元（含间接经费），持续时间 1 年	最高 100 万美元（含间接经费），期限最长 5 年
是否接受复议	否	否	否
是否接受延长期限和追加投资	接受，须遵照 NSF 的标准政策和程序进行		
（对项目）更新资助是否需要重新递交申请	是，但须接受外部专家评审	是，但须接受外部专家评审	不接受更新资助

此外，NSF 对特别有创造性的项目资助到期后还有一套延长资助机制。这套机制的目标是为最有创造力的研究人员提供继续开展冒险性的、高风险、高回报研究项目的机会。

（四）NSF"变革性"项目资助机制受到的质疑

以 NSF 的 EAGER 为例，它避开了 NSF 通常依赖外部同行专家的复杂评议程序，而突出了 NSF 项目官员在评审中的重要作用，成为获取 NSF 资助最快捷的渠道之一。因此，它的申请成功率一直相当高。根据 NSF 前些年的一项分析，2013 年申请 EAGER 的 441 项申请书中有 399 项得到资助，成功率超过 90%（图 4-2）。而在之前的两年成功率甚至更高，2011 年为95%，2012年为91%。但尽管有如此高的申请成功率，2013年EAGER计划只发放了NSF官员期望它拨出金额的1/5，也就是说，研究人员申请EAGER项目的热情并不高涨。据专家分析，原因是多方面的：一是NSF项目官员对类似EAGER项目这样的新型评价方式不适应。多年来，依靠外部专家进行同行评议的项目评价方式成为美国联邦政府进行基础研究资助的"黄金标准"，是受到高度认可的。现在完全依赖NSF项目官员做出评判，有时显得勉为其难。二是审议EAGER项目时所考量的因素，如"独一无二（Unique）"、"杰出非凡（Exceptional）"、"新颖性（Novel）"等难以清晰界定，项目官员经常要面临艰难的抉择。三是设立EAGER项目的目的是为了鼓励处于前沿地带的高风险研究，对此某些学科比其他学科显然有更多的优势和机会。例如，2013年，NSF"社会、行为和经济学理事会"只接收到11项EAGER申请（其中10项得到资助），而"计算、信息科学理事会"收到171项EAGER申请（除6项外其余均得到资助）。

最后，EAGER的资助上限和资助期限比常规项目分别少1/3和短1年，由于通常情况下不能追加资金和延长期限，对希望维持其核心研究项目的科研人员来说显得不足。

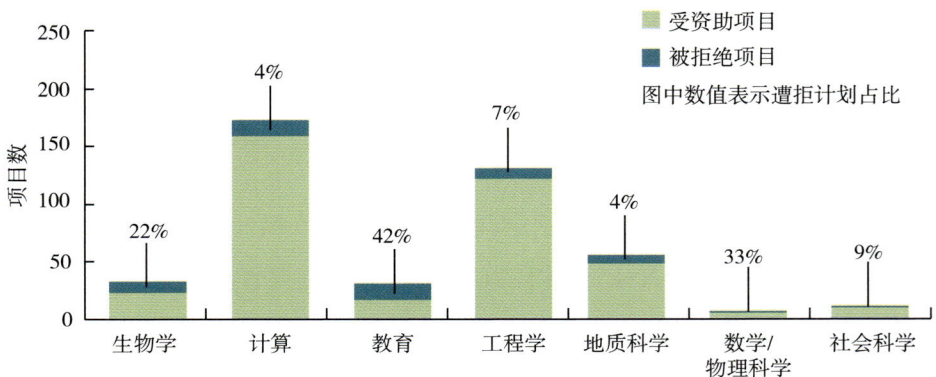

（a）2013年EAGER项目数量及遭拒计划占比

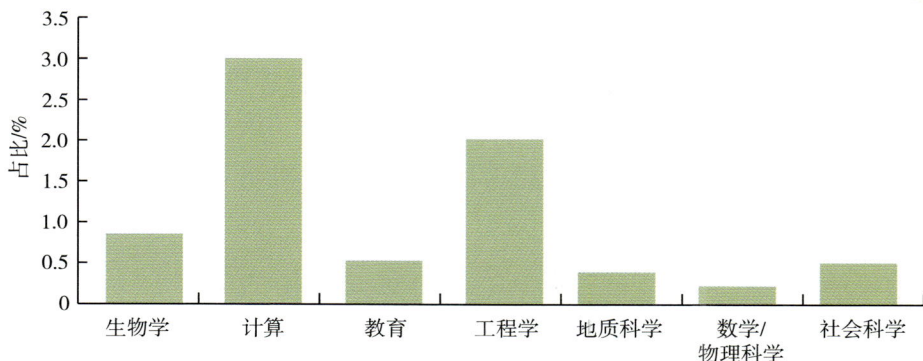

（b）EAGER 项目占 2013 年预算的百分比

图 4-2　2013 年 EAGER 项目情况
（来源：2013 年 NSF 价值评议报告）

三、NIH 对"高风险、高回报"项目的评议机制

2004 年 9 月，NIH 院长公布了"21 世纪 NIH 医学研究路线图（NIH Roadmap）"，设立了"共同基金（Common Fund）"，"共同基金"于 2006 年在"NIH 改革法（2006 NIH Reform Act）"中正式确立，用以资助涵盖 NIH 下属所有研究所或研究中心所涉及领域的医学健康研究。"共同基金"作为 NIH 内一个独立的资助实体，其成立的宗旨包括：将改变 NIH 以往只支持项目、不支持科学家个人的方式；改变资助那些基础本来就好，结果可预期的"低风险"项目的倾向；资助的项目必须符合"变革性（Transformative）""催化性（Catalytic，即对相关学科领域产生大的影响）""协同性（Synergistic）""交叉性（Cross-cutting）""独特型（Unique）"五大标准，其中设有四类资助"高风险、高回报"项目的机制，分别是：NIH 院长尽早独立奖（NIH Director's Early Independence Award，NDEIA，简称"尽早独立奖"）、NIH 院长新锐奖（NIH Director's New Innovator Award，NDNIA，简称"新锐奖"）、NIH 院长

开拓者奖（NIH Director's Pioneer Award，NDPA，简称"开拓者奖"）、NIH 院长变革性研究奖（NIH Director's Transformative Awards，NDTA，简称"变革奖"），具体要求详见表 4-3。由于"高风险、高回报"项目更加强调创新性，因此这四类项目的同行评议机制与 NIH 的标准同行评议机制均有所不同。

表 4-3　NIH"共同基金"下的四类"高风险、高回报"项目

项目	尽早独立奖	新锐奖	开拓者奖	变革奖
针对人群	杰出的初级研究人员，希望"跳过"博士后阶段，尽早开始独立研究生涯的个人	处于研究生涯早期，具有非凡创造力、提出不同寻常影响力研究的个人	提出开创性研究方法、具非凡创造性的个人	提出了可能需要高预算的颠覆性研究的个人或团队
资格	申请时距获得最终学位或完成博士临床培训不超过 15 个月，或在未来 12 个月内能完成上述培训；每个机构最多 2 名申请者；申请时未取得独立研究席位	获博士学位或完成博士后临床培训不超过 10 年，未获得 NIHR01（NIH 最早的资助机制）或相应的其他资助机制	所有研究生涯阶段的人	所有研究生涯阶段的人
初始数据	均不要求，但可以包含			
研究计划	限 12 页，说明研究面临的挑战、方法的创新性、研究者的资质、发展计划等。此外，所在机构必须提供支持详情	限 10 页，说明研究的意义和潜在影响、方法的创新性、要克服的风险和挑战、研究者的资质等	限 5 页，说明研究面临的挑战、潜在影响、申请人的创新特质，申请的研究为什么开拓了新方向等	限 12 页，说明研究面临的挑战、方法的创新性、潜在影响，为什么适合申请变革奖等
推荐信	3～5 封	不要求	3 封	不要求

续表

项目	尽早独立奖	新锐奖	开拓者奖	变革奖
投入精力	前2年每年必须投入9.6人月（80%）	每年至少25%	前3年投入主要精力（至少51%），第4年至少33%，第5年至少25%	根据项目需要，参考NIH其他同等规模、复杂性项目的指南
预算	资助5年，每年封顶25万美元加标准间接经费	资助5年（分成2个阶段），总额150万美元加标准间接经费，须提交每年最低预算	延续5年，每年70万美元加标准间接经费	延续5年，无预算上限（只要不超过变革奖所能提供的资金）

NIH声称，在同行评议中"追求最高的道德标准（NIH Seeks the Highest Level of Ethical Standards for Peer Review）"，也就是说，力争做到整个过程中无偏见，对申请项目的评估以公正、公平、平等和及时的方式进行，其两步走的同行评议程序由联邦法律和条例确立。就具体项目来说，其评审标准和考虑事项在NIH发布的"资助机会声明（Funding Opportunity Announcement，FOA）"中有详细说明。下面以"新锐奖"和"变革奖"为例重点予以说明。

（一）NIH对"高风险、高回报"类别下新锐奖和变革奖的评议机制

新锐奖（NIH Director's New Innovator Award、NDNIA）属于2004年"21世纪NIH医学研究路线图"发布后设立的"高风险、高回报"项目，于2007年制定。与开拓者奖和变革奖不同的是，它只针对处于研究生涯早期阶段的申请者，前提是申请者提出了具有创新性的、潜在影响力高的项目。具体要求如下：只接受1位首席研究员；在过去10年内完成博士学位或完成研究毕业后的临床培训，且未接受过NIH的实质性研究资助；不要求

提供初始数据；最少投入 25% 的精力在所申请的项目上；分两阶段总共资助 150 万美元，每阶段分为数年。新锐奖的评议流程如图 4-3 所示，可以看出与标准同行评议相比，其第一阶段评议增加了第二步。

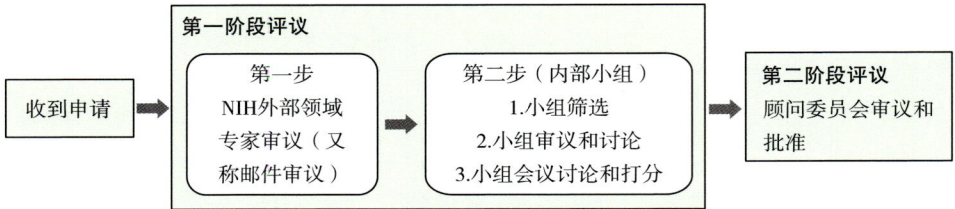

图 4-3　NIH 院长新锐奖评议流程

第一阶段第一步由来自 NIH 以外的领域专家（Topic Expert）审议（邮件审议），主要从科学角度考察申请项目的价值，每个申请分配 3 位专家，每位专家将独立给出评语和打分，相互之间不进行讨论。评语和打分将提供给第二步的"内部小组（Editorial Panel）"供讨论。

第二步，由多个不同学术背景的科学家组成的内部小组在吸取上述领域专家意见的基础上，筛选出最有希望的申请作进一步讨论（通常仅有 18% ～ 20% 的申请会被讨论）。筛选出的每份申请将被分配给 3 位专家，但不要求与专家个人的专业领域相匹配。本步骤期待专家从更广阔的视角来审议这些申请，即不仅从科学角度，还从社会经济、创新和可行性等角度考察，并在全体会议上讨论。对于每份申请，每位专家会给出一个总体影响分（1 分为最好，9 分为最差），讨论后科学评议官收集所有专家给出的分数并加以平均，再乘以 10，得出每份申请的最终总体影响分（10 分最好，90 分最差），并通过电子系统在 3 个工作日内告知申请人。科学评议官还会在本步骤（即内部小组评审）结束后的 30 天内为每份申请准备一份"总结报告（Summary Statement）"，并反馈给申请人。被会议讨论的申请总结报告包括专家的评语和会议讨论的概况，未被会议讨论的申请则只包含"邮件专家"的评语。总结报告中的信息非常重要，它与总体影响分一同被看作评审专家对研究申请人的素质、提出的科学问题的重要性和研究方法创新性的总体判断。总体影响分与是否被资助有较大关联性，但并不绝对。因为在最终决定是否予以资助时，NIH 院长办公室及"高风险、高回报项目工作组"（由来自 NIH 几乎所有研究所或研究中心的员工组成）还会考虑以下因素：①申请人对总结报告的反馈，项目在科学技术上的优点；②是否有可用资金；③一些与新锐奖重点相关的因素，如虽然研究本身存在风险，但申请人是否有可能引领突破性和产生广泛影响的研究，是否为跨学科研究等。

NIH 对"高风险、高回报"项目的评议也在不断探索和改进之中，2022 年，在变革奖评审中首次试点引入匿名评议，在匿名阶段，评审专家无法获知申请人的身份和所在机构等信息。NIH 还将第一阶段评议分成三步（图 4-4），并试图在第一步就初步淘汰掉达不到要求的申请人。

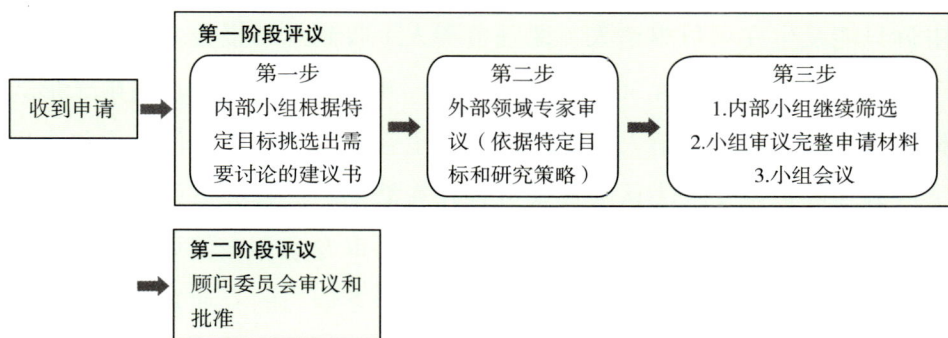

图 4-4　NIH 院长变革奖评议流程

申请人收到总结报告后，如果对其有疑问，还可联系"高风险、高回报"项目的相关联系人并约定面谈时间，后者参与了评审的全过程，可以提供讨论会上的更多信息和见解，并澄清某些评语。申请人还可向其询问被资助的可能性，以及如果自己的申请在可能的资助范围之外该如何去做，如对于评议员给出的评语表达科学上的不同意见或联系 NIH 员工"兜售"自己的申请等。上述行为均不会影响到被资助的可能性。此外，被会议讨论的申请人还可以选择就总结报告内容提交一份 2 页的反馈信，反馈信可就外部评审专家提出的问题和关切进行说明，以增强申请的力度。但这一信件不会被评审专家看到，只作为 NIH 的内部材料，在最终的资助磋商阶段予以考虑。

第二阶段评议由 NIH 顾问委员会负责，主要评估第一阶段评议在遵循评审标准方面是否公正和统一、是否存在利益冲突等。此阶段并不从科学或技术角度来考察。最终顾问委员会成员通过全体投票来决定是否赞同第一阶段评议给出的推荐（即是否同意资助某位申请人）。

（二）NIH 提供的复议机制

NIH 还为申请"高风险、高回报"项目人提供了复议（申诉）制度。申诉只能发生在项目申请人（课题负责人）收到总结报告之后，且不晚于第二阶段评议结束后 30 天（自然日）。申诉信可以以纸质或电子形式提交，且必须征得申请人所在机构授权主管的批准。申诉信必须包含以下内容才能被接受：①认为评议过程存在缺陷。②解释申诉的缘由。③认为同行评议存在以下问题：一位或多位评审专家存在偏见；一位或多位评审专家存在利益冲突；科学评议小组缺乏恰当的专业知识；一位或多位评审专家失误导致实质性地改变了评审结果。但如果仅是由于科学上存在不同意见，则申诉信不予受理。

收到申诉信后，首先由 NIH 员工审查申诉信的基本情况，评估其是否符合事实。如果负责评议和主管项目的员工均支持申诉，则原先的申请材料无须任何增补或修改，将退回原先的或不同的专家评审组重新评议。如果 NIH 上述员工不支持申诉（复议），项目申请人及其所在机构对此也不持异议，则应该撤回申诉信；如果项目申请人及所在机构不同意撤回，即选择不服从 NIH 上述员工的意见，则申诉信将被送到顾问委员会，顾问委员会对申诉信的处理有两种结果：①同意申诉，则推荐重审；②不同意申诉意见。虽然专家评审组可能存在失误或是其他明显问题，但若委员会认为这些因素不足以改变最终的结果，就会否决申诉。顾问委员会的意见就是最终裁决，不接受再次申诉。

第三节　完善同行评议制度的建议

现代同行评议制度虽然存在缺陷，但瑕不掩瑜，它的设计初衷遵循"专家治学""少数服从多数"等原则，尽力体现公平和公正。正如竞技体育中体操和跳水等项目的打分一样，同行评议制度力图最大限度地减少和消除人为偏好或偏见的影响，因此在大多数情况下仍找不到比它更好的方式。目前，世界各科技大国所做的也并非取而代之，而是对其固有的缺点进行改进和在某些情况下单独设立另外的方式对其进行补充。基于此，我们也对完善同行评议制度提出了一些拙见。

一、同行评议依然是当代科学评价的主流，短期内无可替代，应继续完善这一制度

从 NSF、NIH、UKRI 等开展同行评议的实践来看，标准的双轮同行评议流程依然是科学（项目）评价的主流，即第一轮评议均采用外部专家评审的方式，这一方面是为了从学界专家的角度考察申请项目的可行性，

把关项目的学术价值，另一方面，或许更重要的是为了避免利益冲突，尽量体现公正、合理、公平和透明的原则，并给后续评审提供重要的参考指南；第二轮评议主要在各资助机构内部开展（虽然 NIH 下属各研究所或研究中心的顾问委员会仍主要由 NIH 以外的人员构成）。在实践中，标准同行评议往往由专家依据现有自身认知能力做出判断，因此本质上是规避风险的，可能遗漏某些具有重大创新价值，但风险较大，具有高度不确定性的项目。因此，除完善同行评议的机制外，提高评审人员的个人素质也十分重要。例如，NSF 不仅要求评审人员具备被评审项目所涉及科技领域的专业知识，还要求其具备科学工程基础设施及相关教育活动的广博知识，也就是说，对科技发展规律具有较深刻的理解和洞见。不过即便如此，同行评议可能仍然避免不了漏洞，因此美英各机构才增加了一些针对"变革性""高风险""高回报"新的评议机制。

二、对于"高风险、高回报""变革性"等非共识性项目，采取特殊的申请渠道和评议机制

NSF 的"EAGER""RAPID""RAISE"及 NIH"共同基金"下设的所有项目均采取了不同于常规项目的评议机制，从而避免非共识项目与共识项目的直接竞争。根据托马斯·库恩的科学范式理论，科学是在"常规科学"和"革命科学"的交替演变过程中不断进步的；常规科学是科学共识下的主导范式，而革命科学是传统科学范式因太多异常现象的积累而产生的科学突破。因此，将分别体现两种范式的常规项目与非共识项目分开来申请和评定有助于二者兼顾（NSF、NIH 及 UKRI 目前都将这两类项目分开申请和评定）。国家也应在社会上大力宣传和营造创新氛围，推动科研院所和高水平研究型大学更多开展"从 0 到 1"的创新"无人区"

探索计划，对非共识项目进行资助。引导科研人员聚焦科技优先发展领域、战略性领域，具体还可以通过网络将非共识项目申请书公开，这类项目作为源头性的创新项目，处于知识树的底端，涉及面广，更容易让非专业人员了解和感兴趣，让更多人受益；也避免重复研究，有助于依靠网络形成自由集散的团队。

三、建立合理的复议机制

无论 NSF、NIH 还是 UKRI 都建立了复议机制，以体现评审过程的公开、透明及对申请人权利的尊重和保护，同时最大限度地避免创新性强的非共识项目因程序设置而漏掉。在国外争议性大的科研项目评审实践中，均建立了多次复议机制，使得具有价值的非共识项目不易错过资助。

四、建立预研机制

非共识项目一般经费数目大、风险性高，贸然决断或将带来潜在的风险。建立预研机制或许可以解决这一风险性问题。借鉴我国建设大科学工程的经验和优势，如建设全超导托卡马克核聚变实验装置等重大科学工程之初，都是不断探索，反复论证，筹集经费开展预研，然后边建设、边运行、边考核，最后成功立项并建成运行，取得了重大技术突破和工程成就。针对创新性强、风险性高的研究，可以设立引导性基金，进行前期小额支持，结合研究机构自筹经费，推进项目边研究、边考核、边资助，推进非共识项目进入实质性研究阶段，达成一定的研究基础后，再通过颠覆性研究专项资助等进行后续支持。

（执笔人：谷峻战）

第五章
未来产业人才培养机制

    大力发展未来产业，是引领科技进步、带动产业升级、培育新质生产力的战略选择。我国高度重视未来产业的布局。从国家政策层面来看，未来产业的提法最早出现在 2021 年 3 月《中华人民共和国国民经济和社会发展第十四个五年规划和 2035 年远景目标纲要》，纲要提出"在类脑智能、量子信息、基因技术、未来网络、深海空天开发、氢能与储能等前沿科技和产业变革领域，组织实施未来产业孵化与加速计划，谋划布局一批未来产业"。2024 年 1 月，《工业和信息化部等七部门关于推动未来产业创新发展的实施意见》（简称《意见》）提出，重点推进未来制造、未来信息、未来材料、未来能源、未来空间和未来健康六大方向产业发展。

    发展未来产业，关键是建设一支专业化的人才队伍。《意见》明确，要大力培育未来产业领军企业家和科学家，优化鼓励原创、宽容失败的创新创业环境。激发科研人员创新活力，建设一批未来技术学院，探索复合型创新人才的培养模式。强化校企联合培养，拓展海外引才渠道，加大前沿领域紧缺高层次人才的引进力度。

    由于未来产业在世界范围内并未形成统一的定义和领域，在开展国际最佳政策实践研究时，将相关领域放宽至战略性高技术产业。

第一节　未来产业人才结构与需求

未来产业是科技突破衍生的，处于技术和产业发展的早期，这些特征对人才的结构和能力提出了较高的要求。同时，未来产业是未来经济增长的动力，具有重要战略意义。各国都在积极建设相应的人才培养体系。

一、世界主要国家关于未来产业的部署

当前，各国政府高度重视未来产业部署。

美国最先提出发展未来产业。特朗普政府时期，OSTP 于 2019 年 2 月发布报告《美国将主导未来产业》，将人工智能、先进制造、量子信息科学、5G 等四项核心技术作为未来产业，并指出，这些未来产业的发展将有助于增强国家安全，保持经济繁荣。

欧盟提出了"先进产业技术"的概念，将其定义为"最近或未来出现的、将实质性改变商业和社会环境的技术"。以此为标准，欧盟选定了 16 种先进产业技术，分别为先进制造技术、先进材料技术、人工智能技术、增强与虚拟现实技术、大数据技术、区块链技术、云计算技术、互联技术、工业生物技术、物联网技术、微电子与纳米制造技术、移动技术、纳米技术、光子技术、机器人技术、安全技术。

英国政府对未来产业的部署以 2017 年 11 月《工业战略——建设适应于未来的英国》白皮书为标志。为使英国置于未来全球工业的前列，白皮书设定了四个重大挑战行动，分别是：人工智能和数据经济、清洁增长、未来移动、老龄化社会。2021 年 7 月英国政府发布《创新战略》，主旨为"创造未来，引领未来"，核心愿景是到 2035 年使英国成为全球创新中心。《创新战略》提到了七大关键技术，指出这些技术"将在未来几十年重塑人们

的生活、经济与社会"，包括：先进材料与先进制造；人工智能、数字化与先进计算；生物信息学与生物组学；生物工程；电子、光子与量子；能源与环境技术；机器人和智能机器。

法国政府至今已发布四期《未来投资计划》，旨在通过投资研究与创新确保法国未来发展。2021年1月《第四期未来投资计划》明确了15个未来领域，包括脱碳氢能、量子技术、网络安全、教育数字化、健康食品、环保农业、原材料回收利用、可持续城市、工业脱碳、文化与创意产业、数字化与脱碳交通、数字医疗、生物制造药物、生物燃料、5G等未来通信网络技术。

日本政府在2020年5月发布《（至2050年）产业技术愿景》，提出"立足知识经济，集中关键资源进行重点研发"，领域包括：数字技术、生物技术、材料技术、能源与环境技术。

综合以上情况，世界主要国家都对未来产业进行了部署，但领域有所差别。即使在美国，不同时期不同文件中选定的领域也有所变化。法国还考虑了国家优势因素，将"文化与创意产业"确定为未来领域。

各国政策文件对未来产业的概念及内涵有所描述，如欧盟将"先进产业技术"定义为"最近或未来出现的、将实质性改变商业和社会环境的技术"。美国的文件阐述了未来技术的战略性意义，如增加国家安全，推动经济繁荣等。日本的文件将未来技术分为四种：支持向知识经济转型的技术，具有巨大潜力的技术，作为各领域发展基础的技术，解决经济发展负向影响的技术。

总的来说，未来产业尚未形成统一名称和统一定义，但表现出了一些共同特征和趋势。周波等总结了未来产业的三大特征：一是具备科技和产业的双重属性，未来产业是科技突破衍生的，又可能是未来的战略性新兴产业；二是处于技术和产业发展的早期，处于技术和市场都不成熟的阶段；三是将在未来社会中在产业、经济、科技和生活等方面产生重大变革。

二、未来产业人才结构

未来产业的特征之一是"具备科技和产业的双重属性",因此,围绕创新链和产业链,未来产业人才包括从研究、开发到使用的全链条人才,即具备深厚的未来产业技术专长的人才,他们将推进基础研究;具备广泛的未来产业工程技能的人才,他们将开发基础技术和支持技术;具有一定未来产业意识的人才,他们将强化技术应用。

未来产业具有非常明显的学科交叉融合的特点。未来产业人才应是多学科背景的多样化人才。以量子技术为例,从事基础研究和应用研究的量子人才,最相关的学科为物理学、计算机和信息科学及电气工程等。应用型量子人才的相关学科范围更广,包括金融、能源、医疗、交通等多个领域。

从学历背景来看,对未来产业人才的需求不仅限于博士,随着基础研究逐渐转化为基于技术的应用研究,拥有学士或硕士学位的人也将发挥重要作用。

综合以上分析,理想的未来产业人才队伍应呈现金字塔结构(图5-1)。

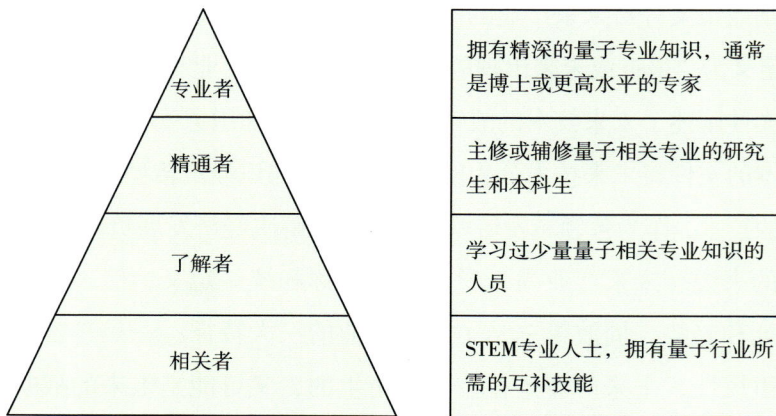

金字塔层级	说明
专业者	拥有精深的量子专业知识,通常是博士或更高水平的专家
精通者	主修或辅修量子相关专业的研究生和本科生
了解者	学习过少量量子相关专业知识的人员
相关者	STEM专业人士,拥有量子行业所需的互补技能

图5-1　未来产业人才(以量子领域为例)金字塔示意

三、未来产业人才需求

未来产业的特征之二是"处于技术和产业发展的早期"，这意味着未来产业的学术门槛高，产业尚未形成，因此各国的人才培养体系并不健全，人才供给能力不足。而由于未来产业特征之三——"将在未来社会中于产业、经济、科技和生活等方面产生重大变革"，为抢占科技与产业革命制高点，各国均大力重视未来产业，投资快速增长，相关人才需求激增。在人才供给不足和需求巨大的双重压力下，各国均面临着较严峻的未来产业人才短缺问题。

各国政府发布的政策文件或机构、智库等发布的研究报告，对不同未来产业领域的人才缺口进行了研究与预测。主要研究方法有两种。

一是情势分析法，以定性方法对未来产业人才的短缺进行说明。如美国《量子信息劳动力发展国家战略计划》指出，虽然目前没有权威的数据能够预测未来量子领域的人才需求，但是通过调研各界代表（来自美国量子经济发展联盟、产业界、学术界、国家实验室和联邦政府）可以发现，各级人才都存在缺口。

二是预测法，基于现有技术和经济条件下的人才基础，预测未来技术和经济发展情况下的人才数据。包括：至某一年的产业人才需求总量、现有人才数量与未来需求的差距、计划培训数量等。如日本、韩国、澳大利亚、法国等国家的量子人才战略和计划中，对不同层级量子人才需求和培养目标进行了阐述。

在核心科研人员方面，韩国估算目前仅有 150 名左右，计划到 2030 年培养出 1000 名量子专业人才。日本估算从事量子技术的大学教授等一线研究人员在百人左右，而未来十年内需要达到千人才能与其他国家竞争。

在高技能人员方面，法国提出到 2030 年量子领域产业链应创造 1.6 万个直接就业岗位，并计划培养5000名量子技术领域的新型人才，包括研究人员、技术人员和工程人员，其中通过科研实践培养的青年研究人员将达到1700人；澳大利亚指出到2040年要创造1.6万个就业岗位。

在全领域人才方面，日本提出到2030年量子技术使用人数超过1000万。

第二节　未来产业人才培养方式

各国政府把培养和留住人才作为发展未来产业的"行动支柱"和"首要目标"。如英国政府在面向未来产业的工业战略白皮书中指出，要通过未来产业创造出一种提升生产率和获利能力的经济发展模式，在本质上离不开人才。

一、培养未来产业人才的主要渠道

培养未来产业人才的主渠道有三个，分别是学历教育、继续教育和引进国际人才。不同方式的优劣势如表5-1所示。

表5-1　未来产业人才培养渠道及优劣势分析

途径	优势	劣势
学历教育：培养新一代未来产业人才	从体系化、长期性、可持续发展的角度建设未来产业人才生态	需要一定时间。在未来产业相关领域，获得博士学位的平均时间约为6年，硕士学位为2～3年，学士学位为4～5年
继续教育：通过再培训促进人才横向流动	在较短的时间内增加人才数量	会导致其他关键领域的人才流失

续表

途径	优势	劣势
引进国际人才：吸引全球创新主体	引进的顶尖学生和研究人员或多或少地经历过专业所需的教育和培训，留住他们将为补充人才提供更快的渠道	未来产业对经济、社会和国家安全的重要性日益增加，外籍人才的流动可能产生潜在风险

未来产业人才链条较长，企业创新是未来产业生态的关键，本节将研究对象聚焦在企业人才。各国通过不同渠道培养优秀企业人才的主要政策措施包括：政府研究基地 / 中心 / 平台等培养方式、校企联合培养方式、培养产业博士、支持以人为核心的创新创业、发展高级数字技能继续教育、支持企业引进优秀人才。

二、政府研究基地 / 中心 / 平台等培养方式

一些国家政府构建产学研一体化的研发机制，通过"研究基地 / 中心 / 平台—人才"模式，推进未来产业技术从基础研究到技术实证，实现对技术研究与人才培养的体系化支持。基地或中心通常聚焦某个核心领域，汇聚了多领域的研究人员、工程师、企业家，甚至包括终端用户。

2023 年 1 月韩国政府发布《推动深科技独角兽企业规模发展的研发投入战略》，提出要为技术和企业发展营造良好的环境，提供技术、人才、资金等一站式支持。在技术方面，推动地方大学和政府拨款研究机构构建合作平台，开展共同研究、共享共用设备等。在人才培养方面，将教育培训与实际需求紧密相连，培养"规模发展专业人才"，积累技术转移转化经验；以政府拨款研究机构和大学内经验丰富的科研工作者为例，为其提供"技术规模发展"培训，使其成长为高级人才。以定点大学为中心，集聚政府拨款研究机构和企业，培育"深科技规模发展谷"，最大限度推动

多方合作；遴选具备人才、研究、技术转化能力的集群入驻"深科技规模发展谷"。同时，与海外大学合作，通过吸引海外科研人员、技术合作等，推动技术升级。

日本建立了 8 个量子核心研发基地，包括：超导量子计算机、量子元件、量子材料、量子安全、量子生命、量子计算机利用技术、量子软件、量子惯性传感器与光晶格钟。基地将充分利用交叉任职制度，从大学、研究机构和企业集聚人才，同时还担负着吸引海外人才、培养青年人才的任务。冲绳科技研究院大学的"国际教育研究基地"，将汇聚国内外优秀量子研究人员，推进尖端国际研究，并开展量子技术相关国际化教育，建成世界领先的国际化量子研发与教育基地。

一些国家还推出政企合作创新项目带动人才培养。韩国《为实现碳中和的能源技术人才培养方案》强调，在服务碳中和的能源产业领域，需要依托企业项目实现人才培养。项目将主要采取学徒制的方式，由企业派驻在职工程师进行技术指导，从而培养具有企业"实战能力"的专业人才。

意大利政府 2022 年 5 月 17 日颁布专门法令，鼓励高校、科研机构与企业加强联系与合作，包括通过具体项目联合加强人才培养，如通过项目推动高校毕业生适应实际工作需求，推动高校与科研机构技术成果转让等。

三、校企联合培养方式

各国政府高度重视高等教育的实践导向，在高等教育阶段强调与产业界的合作，从产业前沿的战略高度明确培养方向、所需技能和课程设置。

韩国在第四版《科技人才培养与支援基本计划（2021—2025）》中提出，政府将支持产业界和学术界针对新兴产业需求，开展产学合作教育培养项目，着力培养学生解决实际问题的能力。2021年4月，韩国《"BIG3+人工智能"人才培养方案》提出，加强新能源汽车、生物健康与系统半导体三大新兴产业（即"BIG3领域"）与人工智能领域的人才培养，大学应扩大合约学科（即产学合作学科）招生规模，改进学科招生规则，加强企业对于学生选拔的发言权。2021年12月韩国《为实现碳中和的能源技术人才培养方案》提出，将根据企业需求设计教育课程和研究内容，促进代表性企业参与其中。

德国《量子系统议程2030》对高校和企业同时提出要求，高校应增设量子工程学教职，与企业合作，更好地开展培训。产业界主体应就自身需求与高校充分交换意见。

一些国家成立了新的教育机构或教育机构联合体，通常由政府主导，以大学或研究机构为主体，产业界在出资、培养人才和接收人才的全链条环节高度参与。

韩国《2021—2025年国家财政使用计划》提出，为了培养核心人才，韩国将在地方建立创新集群，设置中小企业委培学科以及需求定制型产学合作先导大学。以半导体领域为例，2022年7月韩国政府发布《半导体超级强国战略》，以"打造实力雄厚的企业，培养优秀半导体人才，成为半导体超级强国"为愿景。其行动方向之一是推动产学合作，共同解决半导体产业人才短缺问题。具体举措包括：设立"半导体学院"，由半导体协会负责设计并运营针对大学生、上班族等不同对象的培训课程，由企业负责提供师资和设备等人力物力支持，政府提供财政支持，力求在未来5年内培养3600名符合产业界需求的人才；由政府和产业界共同投资3500亿韩元，支持半导体研究生院的研发活动，培养实战型硕博人才；由政府与材料、零部件和设备中小企业共同出资，在全国10所高校内开设材料、零部件和设备专业，缓解中小企业人才短缺问题。

悉尼量子学院（SQA）是在新南威尔士州政府的支持下，由悉尼大学、悉尼科技大学、麦考瑞大学和新南威尔士大学联合成立的。其中，州政府拨款1540万澳元，再加上4所大学既有资金及来自民间的资助，总投资达到3500万澳元。悉尼量子学院的重要目标之一是支持量子技术企业发展，向产业界输送人才。例如，新南威尔士大学成立了硅量子计算公司，悉尼大学成立了微软量子实验室，这些企业需要在量子科学领域拥有极强专业技能的物理学家和训练有素的工程师，悉尼量子学院担负着培养和向企业输送这些人才的重任。

法国于2018年创立了"职业与资质校园"，旨在为培养未来行业需要的人才做好准备。与通用技术相关的行业将会是法国的"未来行业"，主要包括数字化、医疗健康、生命经济、能源转型、信息与交易安全等领域。为了培养这些未来人才，"职业与资质校园"作为一个"能够形成合力的培训基地"，将围绕某个特定经济产业的需求，汇集涉及职业培训的所有主体，包括产（地区企业）、学（职业高中、高等教育机构、学徒培训中心）、研（科研院所实验室）。这些主体将会集中在一个地区，或者同一个中等教育或高等教育网络内，通过合作伙伴关系形成联系，在实践中培育人才。

大东部大区的创新型材料与工艺"职业与资质校园"围绕地区产业发展重点，将增材制造与合成材料作为校园主题。当地企业与地方政府共同出资建立高科技设备，通过合作项目，为企业提供测试新技术及与学校科研实验室展开合作的机会。当地的职业高中、高等院校等各个层次教育机构都可以参与其中，学生可以通过实践取得行业技能，并获得学历教育或职业培训证书。

企业提供项目合作、实习等机会，加强学生与产业界的交流。

摩根大通每年推出暑期量子计算助理计划，根据2022年计划的通知，其目标是为公司寻找能够将科学研究转化为商业价值的创新性人才。要求申请者是数学、科学、工程、计算机科学或相关领域的硕士或博士在读生；拥有一年以上量子计算算法和应用经验，拥有出色的 Python 编程知识，出色的分析能力、问题解决能力、研究展示能力等。

韩国把鼓励高校学生到企业进行项目实习作为人才培养的重要措施。为促进企业与学校交流，韩国《为实现碳中和的能源技术人才培养方案》提出，鼓励学生通过能源创新研究平台到产业实地研修。

四、培养产业博士

未来产业作为经济发展的重要驱动力，企业对高学历人才的需求较高。美国人工智能专业的毕业生更倾向于到企业就业，2019 年有近 66.7% 的人工智能博士生选择去企业开始其职业生涯。从 2009 年到 2019 年，选择在企业工作的博士生人数增长了 48%。但是，与美国具备良好的产业生态不同，一些国家的博士生并不愿意到企业就业。如日本提出，到 2025 年，大幅提升产业界录用理工科博士毕业生的数量，达到每年 2400 人（目前为每年 1400 人），为此要畅通博士生向产业界流动的路径。为满足民间企业需求，可在企业中增加研究室数量，与学术界联合培养博士人才。

意大利、西班牙则发起了产业博士培养计划，直接为企业"量身打造"人才。

（一）意大利产业博士

意大利于 2021 年 12 月 14 日正式颁布博士课程部级法令，在高等教育最高等级的博士生体系中设立产业博士，就知识界和产业界共同感兴趣的前沿性技术工程问题进行研究。其目标是为特定产业储备高素质人才，提高产业竞争力。

1. 意大利产业博士的主要特点

（1）数量多

2022 年 4 月，意大利《国家复苏与韧性计划》宣布在 2022—2023 学年提供 7500 个博士生奖学金名额，其中 5000 个用于产业博士的培养，满足企业需求。不同院校产业博士比例有所不同。以比萨圣安娜研究生院为例，2022 年共招收博士生 124 名（较去年多 25 名），其中产业博士 19 名，占 15% 左右。

（2）聚焦未来产业

意大利在人工智能、数字转型、绿色环保等未来产业大力推行产业博士制度。比萨圣安娜研究生院 2022 年招收产业博士 19 名，要将基础研究和应用研究紧密联系起来，重点满足高技术领域的产业创新需求，如生物机器人、农业生物多样性保护、农业生物科学、新兴数字技术、转化医学、健康科学等关键领域。

2. 意大利产业博士实施细则：以帕多瓦大学为例

意大利帕多瓦大学基金会、帕多瓦大学、帕多瓦和罗维戈储蓄银行、圣保罗联合银行及威尼托中部工业联合会联合产业博士生培养计划（UNISMART Ph.D 2022）2022 年共设立 12 个奖学金名额。由企业根据需求提出研究计划，专业机构评审，按照学术与研究能力需求遴选博士生。

（1）培养计划受益企业

位于意大利威尼托大区的帕多瓦、罗维戈和特雷维索各省的企业。

（2）产业博士培养方案的特征

①产业博士的研究计划必须由企业提出，研究活动应与帕多瓦大学合作完成，研究计划要突出多学科特点和应用研究特点，聚焦产业链问题。

②不限定具体的学科领域，但研究计划要突出在以下方面的贡献：促进和改善环境可持续发展；促进和加速企业的数字化转型；促进社会包容。

③培养周期：根据规定，产业博士的培养周期为 3 ～ 4 年，与学术博士相同。

④培养地点和研究基础设施：具体细节将由大学确定，主要场所为大学实验室、企业和其他场所。

⑤研究计划书必须包括：

● 企业的社会信用信息和企业详细情况；

● 企业需要指定一名负责人（研发经理等），他将直接参与该博士生的研究活动；

● 学术负责人必须为大学教授或副教授，必须是大学某一学科博士研究生指导委员会成员之一；

● 需要完成的博士课程代码以及其他要求。

（3）奖学金资金

2022 年培养计划设立 12 个奖学金名额，其中三年制博士生奖学金总额 72 000 欧元，四年制博士生奖学金总额 92 500 欧元。

其中，30 000 欧元由帕多瓦和罗维戈储蓄银行、圣保罗联合银行一次性拨付，其余奖学金额度——三年制 42 000 欧元、四年制 62 500 欧元由受益企业提供。

产业博士生的奖学金（工资）不得低于国家最低标准。

（4）研究计划的评审

第一步是申请企业的资格审定，包括对提供资料的完整性、伦理和社会责任状况、企业资质等的评估。

参与产业博士培养的企业需具备一定资质，保证支持特定领域的研究与开发。主要包括：①发表的科学论文、专利，既往博士培养情况；②曾经参与意大利公立科研机构的研究项目并为研究提供支撑条件；③设有国家级工程研究中心或在行业内有一定知名度的研发中心；④有其他外来的研究与开发经费;⑤和大学、研究机构有长期的研究人员交流;⑥经审计的公司账目中有一定数量的研发经费投入;⑦拥有一定合适比例的研发人员。

第二步是对研究计划的科学性和创新性进行评审。

①每个研究计划将由一个专业的评审委员会审核和评定,评审委员会由下列人员组成:

2名大学代表,1名帕多瓦大学基金会代表,1名帕多瓦和罗维戈储蓄银行、圣保罗联合银行的联合代表,1名第三方代表(由项目支持各方协商)。

②研究计划评审评分标准:总分100分。

● 研究计划的创新性、原创性,研究方法与研究目标的匹配性(最高40分);

● 研究计划在促进和改善环境可持续发展、促进和加速企业数字化转型和促进社会包容方面等方面的突出贡献,研究成果的推广价值、技术转移价值等(最高40分);

● 研究费用和预期研究目标间的匹配性、时间分配的合理性以及奖学金覆盖期内如期完成研究任务的预期合理性(总分20分)。

评审委员会为每一个研究计划打分,以平均分为最终得分,60分及以上参与排名。

(5)项目的批准和实施

①得分超过60分的研究计划将在网上公示;

②评审委员会与前12个企业进入下一阶段实施细节的商讨。如果有1个或多个放弃,将按得分顺提;

③帕多瓦大学基金会将与受益企业间单独签订协议,就各方责任进行界定,并为保证奖学金按时到位做出相应规定;

④帕多瓦大学单独出台产业博士招生简章，进行博士生遴选；明确该研究计划的博士生资质和学术水平要求；

⑤评审委员会进行资格和学术研究水平评定，最终确定博士生录取名单。

（6）知识产权等规定

①研究计划产生的工业产权和知识产权（专利、新算法和数学模型、计算机软件、商业和技术 KNOW–HOW 等）按照大学的规定进行认定，由大学和企业共有，或者由大学所有，但企业有独家使用权；

②经与大学协商，企业可以公布和发表研究数据和报告，但建议在提交专利申请后再公开发表；

③研究报告和公开发表论文的署名要注明大学、研究项目出资方、企业和承担研究项目的其他关联机构。

（二）西班牙产业博士

2021 年 12 月 9 日，西班牙国家研究机构（AEI）主席团通过决议，为 2021 年度国家人才培养计划中的产业博士提供资助，以培养、吸引、留住人才。该计划在《2021—2023 年国家科学、技术和创新研究计划》框架下进行。

西班牙产业博士的目标是促进企业开展产业研究或实验开发项目，在这个过程中完成博士论文。项目为期 4 年，鼓励研究人员从职业生涯伊始就在公司就业，提升就业能力，推动将人才纳入生产结构以提高产业竞争力。项目既可以完全在签约公司内部进行，也可以与其他公共或私人实体合作进行。

西班牙政府将在 4 年间为产业博士项目拨款 380 万欧元，每年约 95 万欧元。2021 年度 59 人获得奖学金，另有 41 人获得备选资格。我们对

59人所在的企业类型、所从事的研究类型和专业等进行了分析。

从研究类型来看，产业研发类产业博士51人，占比86.4%；实验开发类产业博士8人，占比13.6%。

从企业类型来看，在小型企业工作的产业博士最多，共计46人，占比78.0%（表5–2）。

表5–2　不同类型企业的产业博士人数

企业类型	产业博士人数
分拆中小企业：小型	7
创新型中小企业：小型	5
中小企业：小型	34
中小企业：中型	5
公司	8

从政府资助强度来看，最低强度20%，最高强度70%，平均强度为48.2%（表5–3）。

表5–3　政府对不同类型企业产业博士的资助强度

企业类型	最低强度	最高强度	平均强度
分拆中小企业：小型	33%	69%	43.2%
创新型中小企业：小型	56%	70%	61.2%
中小企业：小型	24%	70%	54.59%
中小企业：中型	20%	47%	36%
普通公司	26%	50%	32.63%

政府对创新型小型企业产业博士的支持强度最大，为61.2%。对小型企业产业博士的支持强度为54.59%。对中型企业和普通公司产业博士的

最高支持强度未超过 50%，平均强度低于 40%。

政府对实验开发类产业博士的支持强度较低，平均为 32.75%
（表 5-4）。

表 5-4　政府对不同研究类型产业博士的资助强度

研究类型	最低强度	最高强度	平均强度
产业研发	26%	70%	55.78%
实验开发	20%	43%	32.75%

从政府资助额度来看，对产业博士的最低资助额度为每年 8515.50
欧元，最高额度为每年 17 238 欧元，平均额度为每年 15 321.19 欧元
（表 5-5）。

表 5-5　政府对不同类型企业产业博士的资助额度

单位：欧元

企业类型	最低额度	最高额度	平均额度
分拆中小企业：小型	10 972.5	17 160	15 299.36
创新型中小企业：小型	17 032.4	17 143	17 085.6
中小企业：小型	10 879	17 238	16 275.43
中小企业：中型	8515.50	14 641.44	12 173.64
普通公司	11 960	12 324.7	12 149.28

政府对创新型小型企业产业博士的资助额度最高，5 位博士均超过了
每年 17 000 欧元，平均额度为每年 17 085.6 欧元。小型企业产业博士的平
均额度为每年 16 275.43 欧元。

政府对产业研发类产业博士的平均资助额度为每年 16 095.82 欧元（表 5-6）。

表 5-6　政府对不同活动类型产业博士的资助额度

单位：欧元

研究类型	最低额度	最高额度	平均额度
产业研发	11 960	17 238	16 095.82
实验开发	8515.5	11 070.5	10 382.97

五、支持以人为核心的创新创业

未来产业领域的创新创业一旦成功，将成为经济发展中的高活力元素。但未来产业面向尖端技术，不确定性极大，风险极高，为此，各国政府为高潜力人才提供创业的机会，还有的政府为初创失败的创业者提供"二次创业"的强力支持。

（一）"竞赛制"鼓励青年学生创新创业

法国 2019 年开创了创新博士竞赛制度，鼓励在校博士研究生或博士毕业生创立颠覆性创新初创企业。创新博士竞赛鼓励博士生提交创业计划（即创立初创企业）或创新计划（即针对现有科研成果的技术转移计划），并通过竞赛方式从中择优录取。被录取的博士生将会享受到创新博士套餐服务，服务旨在帮助"创新博士"顺利渡过初创企业建立初期的艰难时光，主要包括：①由企业家或者实业家提供的导师服务，帮助"创新博士"更好更快地融入企业界。②资助"创新博士"接受培训，"创新博士"可以在公共投资银行提供的课程清单中自由选择。③为期一周的夏令营，"创新博士"可以到一家模范性机构参观学习。"创新博士项目服务"不提供金钱奖励。

韩国开展了"韩国半导体设计竞赛",培养本科生和研究生的人工智能半导体设计能力,并通过与产业界合作,实现优秀研究成果商业化。竞赛的主管部门为科信部,主办单位为韩国电子通信研究院,支持单位包括SK电信、SEMI FIVE、Telechips 等企业。

竞赛主题每年不尽相同。2020 年的主题是:为防止新冠疫情传播,用闭路电视影像探知未佩戴口罩者的人工智能半导体设计;2022 年的主题主要有:神经形态电路设计、数据收集深度学习性能评估用 AI 硬件加速器系统开发、其他 AI 半导体电路设计等。

竞赛面向大学生、研究生以及普通创业者等,通过线上线下媒体和政府网站进行推广。主要流程为:申请参加,线上接受申请——线上说明会——预赛,书面讨论设计计划书——事前培训,为具有决赛资格的人员提供培训——决赛,主要分为技术竞赛和演讲——评估颁奖,讨论决赛结果并颁奖。

2020 年的奖项和奖金设置包括:

大奖:1 人(组),奖金 1000 万韩元;

最优秀奖:2 人(组),奖金 500 万韩元;

优秀奖:3 人(组),奖金 100 万韩元;

奖励奖:4 人(组),奖金 75 万韩元。

(二)对创新人才创业风险进行兜底

对于自己创业的未来产业创新人才,一旦发生创业失败情况,韩国的政策措施是对其进行"诚实失败"和"创新创意"双评估。只要通过评估,确认其属于"诚实失败者",其产品或技术具有高水平"创新创意"性,则可享受创业企业破产保护政策、创业企业收购并购政策，并在再创业时给予贷款、融资担保、风险基金等财政项目支持，以减少战略创新人才创业的后顾之忧。

韩国政府还通过专业的教育机构和支持机构，向再创业者提供定制化的支持和服务，提高创业成功的可能性。主要措施包括：

开设"再创业士官学校"。在首尔、大田、釜山等地开设"再创业士官学校"，培养再创业青年领袖，分析失败原因，根据失败类型提供再创业教育，提高再创业成功概率。

设立并推广"再挑战综合支持中心"。在首尔设立"再挑战综合支持中心"并向全国推广此做法，加强向再创业企业提供深度咨询及政策金融的支持职能。在给予再创业资金支持前，帮助企业完善再创业事业计划。在资金支持后，帮助企业加强事后管理，建立销售渠道、投资等对接支持的体系。

建立再挑战企业集群，提高再创业项目的协同效果。在设立"再创业士官学校"和"再挑战综合支持中心"的圈域，建立再挑战企业集群，构建以再创业企业为中心的支持体系。通过未来部、中小企业厅等机构间的分工合作以及区域中心支援，联合推动再创业支持项目计划，提高支持工作的效率，创造协同效果。

启动连接型再创业扶持系统计划。韩国政府将启动连接型再创业扶持系统计划，其目的是加强创业支持产业和再创业支持产业之间、再创业企业人员和预备青年创业人员之间的相互联系，提升政策实效性，尽量避免类似创业失败的事例重复出现。计划将为再创业人员和青年人才提供共同创业机会，从信用管理教育开始，再到投资、融资，全过程扶持再创业。

六、发展高级数字技能继续教育

法国《国家人工智能战略》提出要开展全国数据科学、人工智能与机器人继续教育情况调研，以服务于未来经济与数字化职业的需求。

2021 年 6 月澳大利亚政府发布《人工智能行动计划》，旨在使澳大利亚成为开发和应用可信、安全和负责任的人工智能的全球领导者，到 2030 年实现现代化且全球领先的数字经济。计划中提出，投入 1070 万澳元设立"数字技能学员项目"，针对有迫切人才需求的数字工作岗位提供"工作本位学习"机会，即在真实工作场所或模拟工作环境中进行以获得职业能力为目标的学习，培训时间 4 ~ 6 个月，从而提高数字领域从业者的技能。

2022 年 6 月英国新版《数字战略》提出，要"发展高级数字技能"，继续资助大学创建新的人工智能和数据科学转换课程，为国民发展新的数字技能或进行再培训提供机会。相关部门将共同确定对支持未来技术至关重要的具体课题，如量子计算和先进半导体。通过实施技能训练营、数字、文化、媒体和体育部（DCMS）网络再培训计划和 Cyber First 助学金计划（旨在通过各类竞赛挖掘潜在网络安全人才）等，为成年人提供网络技能培训。

《数字战略》还提出，要"与私营部门开展数字技能相关合作"。DCMS 设立数字技能委员会，与私营部门开展密切合作，培养未来劳动力所需的数字技能。该委员会的主要工作包括：鼓励雇主投资劳动力技能培训；鼓励下一代将数字和技术作为启动个人职业生涯的重要途径，与产业界一道使年轻人了解数字技能并能够获得相关培训；扩大产业界对数字劳动力的认知范畴，使产业界的数字劳动力招聘更具多样性和包容性。

2022 年 1 月韩国科信部发布《2022 年度国家人工智能集成产业园的

项目计划》，提出为应对人工智能企业对人才的多种需求，政府将在国家建立的人工智能集成产业园内，按照本科生、在职者、求职者、高级人才等人才不同发展阶段，设立定制型教育培训项目。完善就业型和再教育型等委托培养学科制度。增加支柱产业人才向新产业流动的相关人才培养项目。

经济合作与发展（简称"经合组织"）国家和伙伴关系体在数字经济主要领域（网络连接性、数字应用、数据治理、安全性、隐私、人工智能、区块链和量子计算）设立了数字扫盲计划，以增加数字包容性，特别是针对最弱势群体。例如，奥地利的《数字能力公约》针对的是年轻就业者、45 岁以上专业人员和老年人。不少经合组织国家还制定了旨在提高工人技能或学习新技能的计划，包括：提高数字能力的代金券（斯洛文尼亚），能力中心（德国），针对中小企业的 ICT 培训（以色列），针对 ICT 行业的员工培训（拉脱维亚），针对中小企业的业务咨询（立陶宛）等。

七、支持企业引进优秀人才

（一）改革签证制度吸引高潜力创新创业人才

引入高水平创业者，就是引入其知识、经验和开创性的想法，对于繁荣国家的创新与发扬企业家精神，推动国家的创新创业具有重要意义。

2022 年 6 月，英国政府制定的《数字战略》提出，完善科技行业移民和签证政策，吸引全球顶尖数字人才，其中，针对优秀企业家和创业者的具体措施包括：开辟新的全球商业流动机制，使海外企业和创新型企业能够更灵活地将工作人员从世界任何地方转移至英国。例如，针对快速增长的企业推出"扩展签证"，为企业雇佣外籍员工提供快速通道。扩大"全球企业家计划"，为全球创新者发放"创新签证"，支持其在英国境内创办企业。

2023 年 2 月，德国政府制定的《未来研究与创新战略》提出修改现行的《移民法》，优化外来人才职业资格认证程序，并探索使用"积分制"，留住或吸引国外顶尖专业人员和技术工人。

以色列政府以往很少给外国人提供创新与创业的政策性支持，但在2016 年年底，由经济部、首席科学家办公室以及移民局三方签署合作协议，推出了创新签证计划，以吸引海外人才来以创新创业。海外人士如果带着创新技术的提议和想法来以进行研发与创新活动，可以拿到至多24 个月的签证。如果他们在创新与研发的基础上继续在以色列创办新企业，则签证有效期会继续延长到 5 年，"创新签证"自动转为"专家签证"。以色列政府为这些外国企业家提供补贴性质的工作场所、成形的技术基础设施、专业的服务。

2018 年 1 月，澳大利亚政府发布《2030 年计划》，提出要优化全球人才转入制度，引进技术移民。2019 年年初《全球人才计划》启动，旨在向海外高技术人才发放签证，帮助澳大利亚企业吸引具有特定技能的人才，担任目前澳大利亚人无法胜任的职位。《全球人才计划》包括两种情况：一是发起者为年营业额在 400 万澳元以上的企业，能够向海外高技能和经验丰富的人员提供年收入在 18 万澳元以上的工作岗位，但雇主需要证明在其引入人才后能够帮助提升澳大利亚本地工人的技能；二是发起者为技术型初创企业或与 STEM（科学、技术、工程和数学）相关的初创企业，旨在吸引具有特殊技能的海外专业人员，但需要证明其优先雇佣澳大利亚本地工人。在这两种情况下，澳大利亚政府将发放为期 4 年的短期技能短缺签证，并在 3 年后提供永久居留申请。澳大利亚政府希望通过这一新政策的实施，为澳大利亚企业吸引其不可或缺的技能人才，填补关键领域的需要，并引发"就业乘数效应"，依靠这些人员培训澳大利亚本地工人，进而实现企业的业务发展和创业的蓬勃展开。2022—2023 新财年该计划移民配额共计 8448 个。

（二）防止本国优秀人才流失

韩国政府于 2021 年 12 月出台《全球技术霸权竞争背景下韩国技术保护战略》，提出要"防止核心人才外流"，主要措施包括：

建立国家关键技术人才库。对于需要限制到海外就业的人才，建立核心人才库，监测其到海外就业和出入境情况；将关键技术人才作为产业界优先选用的人才，并逐渐完善制度加以保障。

加强对核心人才的激励。对于中小企业和中坚企业进入限制到海外就业核心人才库的人才，要给予支持，如企业和政府可以协商为核心人才提供激励经费（额外补贴）的比例，企业可承担 70%，政府可承担 30%；对于退休的核心人才，政府要积极支持其再就业；研究职务发明补贴发放方案，对于"执行职务发明补贴优秀企业"给予更多优惠政策，激发核心人才的研究热情，如从 2022 年起延长专利年度注册费用的减免期限等。

加强对国防科研人员的管理。国防科学研究所核心科研人员退休后，如果去海外就业需事前获得许可，与外国人接触时也需事先申请；为国防科学研究所的核心科研人员建立补偿机制，例如，提供技术研发费用和研发补贴等。

具体实施过程中，2022 年 7 月韩国政府《半导体超级强国战略》提出，要聘请半导体核心技术领域的退休研究人员从事专利审查工作，防止因赴海外工作导致技术外流。

第三节　培养未来产业人才的建议

人才是未来产业发展的关键赋能因素。从国际最佳政策实践来看，有两个共性特点值得借鉴。一是重视未来产业人才的未来属性，从设立新型教育机构加强 STEM 实践教育，到为企业培养产业博士，再到鼓励青年人创业，这些措施的主体对象均为本科生和硕博士生。研究表明，创新思想种子孕育的年龄峰值出现在 20 岁至 30 岁，对本、硕、博的培养将孕育创新思想，引领未来产业发展。二是重视未来产业人才的创业属性，从鼓励青年人创业，到为初创者提供再创业支持，再到改革签证制度吸引高潜力创新创业人才，这些措施大力强化对创业的支持，推动从基础研究到产品服务的突破衍生。基于此，我们对培养未来产业人才提出以下建议。

一、通过资金、项目、政策等手段为人才提供支持

当前，产业界一流创新人才匮乏，是我国长期面临的问题。我国政府应从人才的未来属性和创业属性出发，在高等教育阶段、创意人才创业阶段以及引进人才签证环节，利用资金（资源）、项目和政策等手段提供支持和保障。

二、引入"产业博士"培养概念

我国在高等教育阶段，特别是硕博士生培养过程中产业融入不够，企业对教育的牵引明显不足。我国首批卓越工程师学院建设工作已经启动，10 所高校入选，8 家国资委企业成为理事会成员单位。建议我国在卓越工程师学院建设过程中，引入国外培养产业博士的先进经验。一是聚焦于未

来产业，以解决"卡脖子"问题、布局新赛道领域为重点。二是深化企业出题的培养模式，部分学生的研究方向应来源于企业的研究计划。三是加大民营企业特别是创新型中小企业的参与力度，为他们提供类似于"产业博士"的定制型人才。四是为参与企业的在职研究人员预留一定比例的卓越工程师培养名额。

三、设立未来产业创业者基金

当前，我国创新创业的总体形势并不乐观，有数据显示，创业者的失败率高达90%。国家虽然出台了许多创业者扶持政策，但并没有针对创业失败者的二次支持政策。建议国家出台针对未来产业的创业者基金，采用市场机制或政企合作模式开展。如果项目失败无须偿还本金，如果项目成功，则按照其年销售收入利润的一定比例偿还，直到全额还完。建议国家出台面向二次创业者的支持政策，以"创新创意"和"诚实失败"为双原则选择再创业者加以支持，并与其诚信体系挂钩。可对再创业者及其初创公司给予金融、财税、计划项目等多方面的支持。同时要创造便利的签证和富有吸引力的落户条件等，吸引海外优秀创新人才，特别是留学生归国创业。

（执笔人：张翼燕、王晓菲）

第六章
STEM 教育与人才早期培养

"STEM"是科学（Science）、技术（Technology）、工程（Engineering）、数学（Mathematics）等四大类学科的简称，在不同语境下可以指代学科、课程和教育模式等。STEM 教育强调将零散的学科知识组合成有机整体，旨在培养学生利用所学知识解决现实问题的能力。

进入 21 世纪以来，随着人工智能等新兴产业和未来产业的迅速发展，世界范围内对 STEM 人才的需要日益增长，很多国家都在大力发展 STEM 教育，加强创新人才的早期培养。本章以美国、加拿大、英国等国家为重点研究对象，分析 STEM 教育体系的特色，总结 STEM 教育成功经验，就加强我国 STEM 教育提出建议。

第一节　STEM 教育特征

STEM 教育起源于美国，旨在通过强化科学、技术、工程和数学学科教育，培养人才并提升国家竞争力。经过数十年发展，美国已建立较为完善的 STEM 教育体系，开展加强学生科学素养、技术素养、工程素养和数学素养的整合性教育。STEM 教学模式包括基于项目的学习和基于问题的学习，注重跨学科整合，通过设计实际问题和挑战，培养学生创造力、沟通能力和批判性思维。通过开展 STEM 教育，可以激活学生科学精神，培养未来产业需求人才，并在全社会形成崇尚科学的氛围。

一、STEM 教育起源

STEM 教育最初源于美国为了应对未来社会挑战而提出的国家级发展战略。1957 年，苏联率先成功发射了第一颗人造卫星，并将宇航员送上太空，在航天领域"拔得头筹"。对此，美国政府感到大为挫败，并随即在政府和民间掀起了一场反思狂潮，经过一系列调查研究，最终把在航天领域落后于苏联的原因归结为美国在教育领域的失败。

经过反思和调整，1958 年，美国国会通过了《国防教育法》，增拨教育经费，强化自然科学、数学、外语和职业技术等学科的教育。1985 年，美国科学促进会（AAAS）启动"2061 计划"项目，旨在使全体美国公民提高他们的科学、数学和技术素养。1986 年，NSB 发表《本科的科学、数学和工程教育》报告，首次明确提出"科学、技术、工程和数学"四大学科教育的纲领性建议，建议培养优质科技人才、工程师、科学家和数学家，以提升国家竞争力。经过至今 30 余年的探索与实践，美国现已建立起较为完善的 STEM 教育体系，并为各行各业输送了大量创新型、复合型人才。

二、STEM 教学模式

（一）STEM 的内涵

关于 STEM 的内涵，可以从素养、教学理念和课程三个层面来理解。

在素养层面，主要包括科学素养、技术素养、工程素养、数学素养、批判性思维、跨学科思维等。素养层面的 STEM 为教学设计提供了思路，政府部门和学校在规划 STEM 教育课程时可以从 STEM 素养的维度来进行顶层设计。

在教学理念层面，STEM 教育与我国数理化教育有很大不同，STEM 教学不是单纯让学生学习某一学科的知识，而强调整合性，即把原本分散的四大类学科有机地组合成一个整体，贯通学生零散的知识体系，使其具备较为完整且内部互相联系的有机知识网络。在强调 STEM 教育的整合性层面，美国政府曾于 2016 年发布《STEM 路线图——整合性 STEM 教育框架》，首次提供了涵盖整个 K-12 阶段的整合性 STEM 课程资源。该框架以"因果关系""创新和过程""建模""可持续系统"和"改善人类生活与体验"5 个学科核心领域为基本主题，对整合性 STEM 课程路线图进行了设计。以 6 ~ 8 年级的课程设计为例，具体内容如表 6-1 所示。

表 6-1　美国 6 ~ 8 年级 STEM 课程核心领域内容

主题	主题简介	项目内容
因果关系	由各种现象之间的动态关系构成的真实世界的 STEM 主题	探索汽车运动、交通和地球运动
创新与过程	深化人类对世界的理解和推动社会进步的各种里程碑式的创新发展	人类对气候的影响、太空旅行和医学
建模	涉及人类为理解周围世界而建构出的各种模型	探讨通信、遗传疾病等主题，并分析过去的经验教训

续表

主题	主题简介	项目内容
可持续系统	涉及人类实现可持续发展所面临的各种挑战	全球水质、人口和最大限度地减少人类对环境的影响
改善人类生活与体验	关注提高人类生活质量的创新	调查自然灾害、转基因生物和太阳在地球生命中的作用

　　以美国 7 年级 STEM 课程设计为例，课程涵盖了上述五大主题，同时每个主题都围绕着一个问题和挑战进行了课程设计，引导学生在面对挑战和解决问题的过程中，充分发挥科学、技术、工程、数学四大学科思维，以提高创造力、沟通能力、信息素养以及批判性思考能力（表 6-2）。

表 6-2　美国 7 年级 STEM 课程设计

主题	学习主题	问题和挑战	涉及学科领域
因果关系	赛车运动	设计赛车原型车，该原型车采用从现有技术衍生出的新型安全技术，并由能量转换提供动力	科学、技术、工程
创新与过程	太空生活	研究、设计和建造一个人类聚居地的原型，能够在选定的行星或月球上实现生存。学生小组需要利用光能和化学方法来产生生命所必需的氧气和水	科学、技术、工程
建模	遗传疾病	根据现有遗传性疾病相关症状的研究结果，就某一种遗传性疾病制定一个干预方案，并制作信息材料（博客、纸媒等），向公众传播他们的发现	科学、数学
可持续系统	人口密度	设计一个模型，用于计算地球上某一特定物种种群数量，并就模型撰写汇报文件，供专家小组论证评价	科学、数学
改善人类生活与体验	转基因生物	制作一部纪录片，探讨使用转基因生物作为人类和其他生物食物主要来源的利弊	科学、技术

在课程层面，STEM 课程主要包含三类：支持指导型、直接交付型、校本开发型。其一，支持指导型 STEM 课程由政府机构提供。例如，在美国，一些 STEM 课程由美国航空航天局、美国海洋与大气管理局等机构提供教学支持和指导。其二，直接交付型 STEM 课程由第三方机构提供，如美国的"项目引路"机构（Project Lead the Way，简称"PLTW"），是目前美国最大的非营利性 STEM 教育项目提供者，已经在全美 10 500 多所学校开展了超过 12 500 个课程项目。PLTW 提供的五类课程包括：幼儿园到小学阶段的入门课程、初中阶段的"技术之门"课程及高中阶段的"工程""计算机科学""生物医学科学"课程。每门课程都配有完备的教学材料、清晰的课程标准和教学资源等。其三，校本开发型 STEM 课程由学校自主开发或与其他机构合作开发。在美国，有针对已经被确定有 STEM 天赋学生的 STEM 学校，这类学校自主或与企业合作开发 STEM 课程。而普通学校为促进学生和教师的全方面发展，由教师自主开发或与其他机构合作开发 STEM 课程的情况亦不在少数。

（二）STEM 教学方式

在 STEM 教学中，主要包含两种方式：一是基于项目的学习（Project Based Learning），即基于现实存在的问题情景，学生自主制定并推进项目以解决问题的教学过程，以"问题驱动—项目设计—实践探究—项目评价"为基本流程。这种教学的产出主要是实物作品，该作品能够经过测试，以解决实际问题。基于项目的 STEM 学习总课时通常较长，需要几个星期甚至一个学期才能完成。例如，上海某小学开展的 STEM 课程《设计喂鸟器》贯穿一整个学期，在一般情况下，教师每两周上一次课，每次课两个课时。《设计喂鸟器》项目的最终目标是学生以小组为单位，经过一系列 STEM 课程学习和动手实践后，运用科学、技术、工程和数学等知识，设计喂鸟器方案，并根据方案制作一个能够实际使用的喂鸟器。

二是基于问题的学习（Problem Based Learning），通常是对虚构情境或案例进行研究性学习，这些情境或案例不仅限于区域性问题，往往是一个全球性的社会问题，或者是一个在当前或未来需要解决的潜在问题。基于问题的教学通常有一个相对狭隘的结果，例如针对特定问题提出解决方案或观点，而不是具体产品。基于问题的学习过程持续时间往往较短，一般持续几个课时。

（三）STEM 教学评价

完整的 STEM 评价体系由过程性评价和总结性评价构成。过程性评价注重对学生学习过程的评价，而总结性评价强调对学生学习成果的评价。

在过程性评价中，注重对学生阶段性学习效果进行评价，监测学生的学习是否朝着既定的目标前行，并以阶段性成果为基础验证学生对技能的掌握程度。通常，老师和学生利用评价量表的形式对各小组进行的"阶段性成果展示"进行评价，评价维度包括内容深度、创造性、演讲力、观众互动等。同时，学生也需要进行自我评价，并记录个人反思。

与过程性评价不同，总结性评价过程侧重考察学生在一段时间（通常为半学期到一学期）的学习情况，通常体现为期中测评和期末测评。考察形式可由项目汇报和题目解答两部分组成。在项目汇报方面，学生需要整合该学年所学的全部知识，进行项目设计和汇报，并由老师、同学进行量表评价。在题目解答方面，教师可以设计计算题、解答题等开放性试题，设置与学习内容、现实生活相关的问题情境，着重考察学生利用所学解决实际问题的能力。

三、STEM 教育的重要性

在我国实行并推广 STEM 教育的意义重大，主要包括以下三方面。

一是STEM 教育能够激活学生的科学精神，加强学生的科学素养，培养潜在的科学家。长期以来，初高中物理、化学、生物等学科是学生接触科学探究的"主要阵地"，但由于学科自身的限制以及学业考试压力，探究活动很难持续深入推进，科学探究在广度和深度上均存在不足。

而STEM 学科特有的体验式学习方式强调综合运用多学科知识解决实际问题，专注于跨学科的科学探究活动，已被证明可以极大地提高记忆保留率，对于学生获取并掌握科学、技术、工程和数学等基本知识大有裨益。事实上，体验式学习已被证明能使学生拥有 80% ~ 90% 的记忆保留率，而传统教育方法的记忆保留率仅为 5%。此外，确保学生在基础教育阶段接受STEM 教育，能够尽可能地消除学生对STEM 学科的畏难情绪，培养起学生对四大类学科的学习兴趣，吸引更多学生在大学阶段主修STEM 专业，乃至在毕业后从事STEM 领域相关工作。

二是STEM 教育能够培养出更符合未来产业需求的人才。目前，正在发生的第四次工业革命在相当程度上颠覆了人类的生产生活，并在全球范围内引发了日益激烈的人才竞争。如何通过教育变革培养和吸引人才，从而提升国家竞争力则成为各国政府需要重点考虑的课题。在这样的大背景下，加大力度培养信息技术、人工智能、生物工程、新材料、新能源等未来产业亟须的创新型人才，已成为各国抓住机遇、迎接挑战的迫切需求，而这正是STEM 教育愈发重要的原因。

2018 年 5 月，习近平总书记曾在北京大学师生座谈会上的讲话中明确指出，"要下大气力组建交叉学科群和强有力的科技攻关团队，加强学科之间协同创新"。交叉学科相对于边界划分明确的单一学科而言，可以提供更多元化的理论基础和视角，更容易产生创造性成果。随着现代科学技术的发展，越尖端、前沿的研发活动越需要突破单一学科的限制。STEM 学科属于交叉学科的一种形式，因此，推动STEM 学科发展意义重大，不仅是全面贯彻党的教育方针、落实立德树人根本任务的有效举措，也是应对第四次产业革命和产业技术高速变革，培养未来产业人才，实现"卡脖子"关键技术突破的必然要求。

三是 STEM 教育需要社会各界共同支持和参与，这有助于在全社会形成良好的科学氛围。STEM 教育与局限于书本的课堂教育模式不同，单纯靠校内资源不足以有效开展 STEM 教育，需要政府、学校、企业、社会公益组织等多方合力推动 STEM 教学活动，这便有助于在全社会范围内形成一种崇尚科学的良好氛围。在德国，多方协作共同推动 STEM 教育是一个典型范式——科技馆和博物馆提供学生以更近距离接触科学的学习和实操机会，培养学生基本的科学素养；高校和科研院所向初高中生开放部分实验室，指导其进行基础性科学实验；企业通过创办教育项目及开发 STEM 课程等形式参与 STEM 教育，传播相关领域的专业知识和最新进展。

第二节　美国等世界主要国家实施 STEM 教育的举措

美国 STEM 教育体系经过数十年发展，形成了成熟的体系，其特点包括法律保障、专职部门管理、高水平教师培养、充足经费支持、社会多方推动及基础教育与高等教育的良好衔接。马里兰州的"谷仓项目"案例展示了 STEM 教育在基础教育中的应用。此外，加拿大、德国、英国和芬兰等国也在积极推进 STEM 教育，已各具特色，如加拿大的全民参与平台、德国的高标准教师培养与青少年科研竞赛、英国的跨部门合作与民间力量调动、芬兰的高校 LUMA 中心网络等，均展示了 STEM 教育在全球范围内的多样性和蓬勃发展。

一、美国的 STEM 教育体系

（一）美国开展 STEM 教育的特点

STEM 教育起源于美国，经过数十年实践，美国现已具备较为成熟的 STEM 教育体系，至今实施的相关举措也取得一定成效。因此，本节选取美国为对象，归纳总结其实施 STEM 教育的举措以供参考。

一是利用法律保障 STEM 教育实施。2007 年，美国国会出台关于 STEM 教育的首部正式法案《创造机遇，显著提升美国科技教育领域优势地位法》，该法案明确规定增加科研投资，加强公民在科技、工程、数理化领域的受教育机会，确保美国在 21 世纪继续占据科学与工程领域的国际领先地位。《2010 年美国竞争力再授权法案》是美国 STEM 教育战略的第二个重要法案，该法案将 STEM 教育作为"完整教育"最为重要的组成部分，以较大篇幅讨论了 STEM 教育的重要意义与实施方式，建议通过提供实质支持资助各州加强 STEM 课程计划。2013 年，美国联邦政府发布《联邦科学、技术、工程与数学教育五年战略规划》，明确提出"STEM 教育应优先于政府在教育方面的其他工作"。2015 年，美国国会通过《2015 年 STEM 教育法案》，支持能源部、国家航空航天局等部门共同推进 STEM 教育。2016 年，美国国会通过《美国创新和竞争力法案》，对 STEM 教育进行专章部署，提出改进 STEM 领域本科生教育及非正式教育，开展 STEM 学徒计划等。

二是设立专职部门负责 STEM 教育相关工作。2022 年 10 月，NSF 宣布成立 STEM 教育专职部门（EDU），该部门在原有教育和人力资源局、人力资源开发局基础上改组成立，将作为 NSF 全机构工作的焦点，专门负责 STEM 教育方面的工作。EDU 每年将在基础、应用和转化研究方面进行大量投资，以改进 STEM 教学、培训和评估。EDU 的投资将用于为学习环境中的创新及知识转化、共享提供支持。

三是培养高水平的 STEM 教师群体。在教师准入方面，州教育机构严格把控 STEM 教师的认证和招聘，关注学科能力，对有相关学科背景、能够承担 STEM 学科教学的教师开通"绿色直通车"，减少准入阻碍。在教师培训方面，美国设有各种形式的 STEM 教师培训项目，为教师提供充足的培训机会。

四是确保在 STEM 教育领域的足额经费支持。美国十分注重 STEM 教育投入，主要通过联邦教育部、NSF、卫生与公共服务部提供 STEM 教育经费，3 个机构的经费投入占 STEM 教育经费的 80% 以上。数据显示，美国 2017 财年在 STEM 教育领域的经费就已高达 30 亿美元，占教育经费预算 694 亿美元的 4.3%。同时，除了联邦政府的投入，社会团体、企业等也对 STEM 教育领域进行积极投资。

五是社会各界力量共同推动 STEM 教育。在教育机构团体方面，美国成立了各种协会并定期商讨教育问题。例如，由初高中、高校、企业和基金会构成的"全国 STEM 中学联盟"，旨在通过为成员单位师生提供交流合作机会、发起教育改革等活动，推动 STEM 教育的发展。在企业方面，自 2012 年起，美国总统就业和竞争力委员会发动政府相关部门和知名企业共同采取措施，增加 STEM 领域实习基地数量，并要求实习基地按照各自领域的行业标准培训实习学生，确保 STEM 领域的大学生积累实践经验。在公益机构方面，美国各级图书馆、博物馆提供讲座等活动，是学生和教师获取 STEM 学科知识的校外场所。

六是注重 STEM 教育在基础教育阶段和高等教育阶段的衔接。为了培养更多的 STEM 人才，美国越来越多的大学与中学建立了密切联系，部分大学为高中生提供 STEM 课程，这类课程一般称为 AP（Advanced Placement）课程，允许学有余力的高中生先修大学部分课程并获得学分。如此一来，学生在中学阶段就可以掌握一定的 STEM 知识，形成对 STEM 领域的兴趣，这一举措也很有可能促使学生在大学继续选择 STEM 专业，或者直接影响学生的职业规划。

（二）案例: 美国马里兰州格兰蒂县克里林小学"谷仓项目（ Barn Project ）"

美国马里兰州格兰蒂县（Garrett County）的克里林小学（Crellin Elementary School）教学中设置了许多农业领域的 STEM 教学项目，如谷仓项目、阳光农场等，其中谷仓项目是学校根据每个年级学生的身心发展特点设置的不同户外活动课程。下文以谷仓项目中三年级学生课程《探寻鲑鱼的奥秘》为例，详细介绍谷仓项目的具体情况。

课程目标：①认识鲑鱼的形态；②通过观察鲑鱼的生长过程，学会如何照顾鲑鱼。

课程材料：户外探险工具（打捞网、收集盒）；放大镜；建造鲑鱼池工具；纸笔、试纸等。

教学过程：首先，教师带领学生去小溪边进行冒险活动，让学生们自由地在小溪里搜寻各种物种。经过一段时间的探险活动后，再让学生们聚集起来，用放大镜辨认他们搜集到的物种。在户外冒险活动结束后，教师回到教室教授学生如何照顾鲑鱼（鲑鱼卵孵化），并购买鲑鱼卵。在鲑鱼卵到货之前，师生共同建造鲑鱼池，以提供鲑鱼生长的场所。当鲑鱼卵到货之后，教师先让学生仔细观察鲑鱼卵的状况和细节，将鲑鱼卵放进鲑鱼池之后，让学生仔细观察鲑鱼卵孵化过程。最后，学生负责监测水的状况，包括水温、pH 酸碱度值、氨含量等，将这些数据记录下来，并与同学、教师在课堂上一起讨论这些数据，最终总结出鲑鱼赖以健康生长的水环境相关数据。

课程评价：在《探寻鲑鱼的奥秘》课程中，要求学生学会照顾鲑鱼的教学目标看似简单，但是在过程中包含了生物科学、数学、工程等学科的知识与技能：学生通过使用放大镜来辨认小溪中的物种、观察鲑鱼在各个阶段的形态并记录鲑鱼生存的水温等内容，学习了生物科学方面的知识技能；通过监测并记录水的状况（水温、pH 酸碱度值、氨含量），学生们掌握了数学学科的知识与技能；学生在为鲑鱼建造鲑鱼池的过程中学习了工程与技术的知识和技能。

二、部分欧美国家的 STEM 教育

（一）加拿大 STEM 教育及其亮点

为了确保科技进步和国家安全，加拿大政府近年来积极制定并实施以"加拿大 2067 计划"为首的 STEM 教育愿景，以不断培养符合需求的 STEM 人才。在"加拿大 2067 计划"中，有关 K-12 阶段的 STEM 教育政策和举措是其核心内容，旨在将 K-12 阶段的学生培养成为具备批判性思考、问题解决能力的创新型未来人才。具体政策亮点包括：一是广泛听取各方意见，提供全员参与 STEM 学习的平台。"加拿大 2067 计划"的启动是为了促进关于未来 K-12 阶段 STEM 学习的全国性讨论。为此，"加拿大 2067 计划"邀请了政策制定者、教师、家长、企业代表、社区团体、非营利组织和青年约 75 万人参与讨论，这些利益攸关方分享各自的意见建议，最终协调制定了《加拿大 2067 学习路线图》。"加拿大 2067 计划"表现出"多方力量"的共同努力，是一场关于 STEM 教育未来的具有里程碑意义的全国性讨论，而计划本身更充当了一个全员参与 STEM 学习的平台。

二是强调以 K–12 阶段的学生为中心，充分调动学生的积极自主性。"加拿大 2067 计划"基于真实情境活动，创设工作坊，鼓励学生结合个人兴趣、愿望和需要设计自己心目中理想的创业学校。同时，计划以学生为中心，让上千名中学生积极参与活动，发表个人看法。学生在 STEM 愿景的制定过程中，大胆想象一个全新的教育系统，使其摆脱传统思维的束缚，培养了学生的创新思维并增进了学生对 STEM 教育的理解，进而增强对 STEM 教育的好奇心。

（二）德国 STEM 教育及其亮点

在制造业高度发达的德国，STEM 教育［STEM 教育在德语中被称为"MINT"教育，是 Mathematik（数学）、Informatik（计算机科学）、Naturwissenschaft（自然科学）和 Technik（技术）的缩写］为科技创新提供了有力支撑。具体政策亮点包括：一是在教师培养方面，德国政府出台了严格的培养计划和准入措施，以保障师资质量。具体表现为 STEM 教师培训周期长、考试难度大、录取率低。STEM 教师在知名高校接受两阶段的培训，第一阶段为 7 ~ 9 个学期的系统性知识学习，第二阶段为 18 ~ 24 个月的教育实践。具体的课程设置包括专业课程、教育课程、实践课程三类。

二是设立青少年 STEM 科研竞赛，挖掘青少年在 STEM 领域的潜力。德国联邦教研部一直支持并举办各种面向青少年的科学竞赛活动，"青少年科研竞赛"是其中最著名的竞赛之一，每年吸引超过 12 000 名青少年参加。参赛选手需要在环境、化学、数学等 7 个专业领域中寻找自己感兴趣的问题进行研究。青少年在参与科研的过程中，初步获得了认识世界和改造世界的世界观和方法论，为德国科技界和经济界发掘并培养了一批创新型人才。

（三）英国 STEM 教育及其亮点

英国 K-12 阶段的 STEM 教育政策主要围绕 STEM 校内课程、STEM 教师培训两大"抓手"展开，并有一系列举措和实践来确保 K-12 STEM 教育的实施。具体政策亮点包括：一是政府多部门协同推动 STEM 教育发展。为发展 STEM 教育，英国教育部、国防部、财政部、就业与技能部等多个部委开展了跨部门合作，共同设计并投资 STEM 教育计划和项目，形成合力促使 STEM 教育投资效益最大化。同时，学术团体、咨询专家委员会、教育基金会等非政府组织也参与制定 STEM 教育政策。

二是充分调动民间力量，培养中小学 STEM 教师能力。2016 年，英国皇家工程教育与技能委员会发布《英国 STEM 教育蓝图》，报告中确定了600 余个民间 STEM 教育机构。这些民间 STEM 教育机构为中小学生和教师提供了丰富的资源和课程，开展形式多样的教学项目。

（四）芬兰 STEM 教育及其亮点

21 世纪以来，芬兰一直是成功教育的代名词，芬兰学生在经合组织进行的有关学生综合能力的国际测试 PISA 中曾连续多年蝉联世界第一。芬兰教育的成功很大程度上依赖于其对 STEM 教育的大力投入，芬兰 STEM 实践举措的特色为：充分利用本国高校的能力，在其内部下设LUMA（LUMA 是芬兰语 Luonnontieteet 和 Mathematics 的简称，词义为自然科学和数学）中心。自 2003 年起，芬兰在全国各地高校相继开设了 13个 LUMA 中心，通过向中小学教师提供进入高校 STEM 实验室和课堂进行学习观摩的机会，向青少年提供自然科学和数学前沿研究动态等活动，鼓励并支持青少年参与数学、科学、IT 和技术领域的相关活动。在此基础上，芬兰于 2013 年成立国家 LUMA 中心，作为上述 13 个 LUMA 中心的协调部门，旨在通过举办年度科学教育国际论坛，邀请世界各国 STEM

教育研究者、教师、学生以及机构代表，提供线下交流互动的机会，推动 STEM 学科的发展。

第三节　加强我国 STEM 教育的建议

近年来，我国各地大力开展STEM教育，推动了一定程度上的教育变革。然而，目前中国的 STEM 教育发展相较世界主要国家仍较为缓慢，由于缺少对 STEM 教育在国家战略层面的顶层设计，零散的教育实践尚未能有机地与现行教育体系进行整合。同时，国内在 STEM 教育领域的现有理论研究基础也较为薄弱，制约了 STEM 教育实践的高效开展。因此，上节通过总结美国、加拿大等国推行 STEM 教育的各种举措，可以为我国未来更好地实行并推广 STEM 教育提供一些有益的启示。

一、加强政府对 STEM 教育的统一部署

2017 年，中国教育科学研究院发布《中国 STEM 教育白皮书》，分析了 STEM 教育的发展趋势以及中国教育界开展 STEM 教育的现状。同时，还提出了《中国 STEM 教育 2029 创新行动计划》，从政策、资源、人才培养等维度对我国 STEM 教育进行规划。然而，相关规划并未涉及具体的课程标准和相应评价体系，只强调了 STEM 课程标准的大方向。为此，建议相关部门联合出台针对各教育阶段的 STEM 教学实践标准，细化各年龄段学生在 STEM 知识和技能方面的学科目标、课程标准和教材，把握大、中、小、幼教育阶段课程设计的内在逻辑，对 STEM 教育打通学段进行整体设计，为教师开展明确且一贯的教学提供指引。通过对 STEM 教育进行国家层面

的顶层设计，并出台相应政策以及配套措施，能够形成可持续的 STEM 教育良性生态环境，推动 STEM 教育最大限度地发挥育才作用。

二、完善 STEM 师资培养机制

STEM 教育的优劣一定程度上取决于教师的专业素养和教学能力，高水平的师资力量对于提高学生的 STEM 素质至关重要。当前我国对 STEM 教师的选拔较为松散，建议设立并完善 STEM 教师准入机制。同时，拓展 STEM 教师接受培训的机会，培训内容涉及学科知识、科学前沿、教学方法等。此外，健全 STEM 教师激励机制，对绩效考核优良的教师予以奖励，提升 STEM 教师的工作热情。

三、由政府协调校内外资源共同为 STEM 教育服务

一方面，在学校教育中，由政府出面为各学校配备相关领域专家，开展航模、机器人、3D 打印、编程等科技类课后兴趣班，激发学生对 STEM 领域的学科兴趣。另一方面，积极利用博物馆、青少年宫、科技馆等校外开放学习空间，邀请 STEM 领域相关从业者、学者和退休教授开展讲座，增加学生接受 STEM 教育的机会。

四、优化 STEM 教育考核机制，实施多元化评价

合理的 STEM 教育评价机制能够推动 STEM 教育的持续高效开展，确保师生和社会各界都能够从 STEM 教育中获益。然而，我国 STEM 教育实践目前正处于起步发展阶段，相应教育评价机制尚不健全。基于此，提出以下三点建议：其一，将学生的课堂表现纳入评价依据，注重对学生的过程性考核。其二，在期末等阶段性考核中，设置真实情景，引导学生通过

论文撰写、视频制作、应用程序开发等多种方式解决实际问题，提升学生的 STEM 素养。其三，在中考、高考等升学考试中，设置与 STEM 教学内容、现实生活相关的情景式题目，体现对 STEM 学科思维的考察。

（执笔人：郑思聪）

第七章
建立以研究人员为核心的人才政策体系

　　在跟踪模仿阶段，人才培养主要以科技研发项目为主，一般是在科技研发项目中，对培养研究生、青年科技人员提出要求。即使以人才命名的科技人才计划项目，也是通过研发项目的方式运作。因为在跟踪模仿阶段，主要是追赶先发国家已经解决而我们尚未攻克的技术问题，根据这些问题寻找解决问题的人才，不解决这些问题而空谈人才培养是没有意义的。但在我国进入创新型国家行列的时候，科技领域出现大量无人区，跟踪目标消失；咽喉技术、国家安全技术跟踪目标被定点屏蔽，也无法跟踪，因此必须更多地从技术引领转向人才引领，依靠战略科技人才的思想、概念、创意开辟前进的道路。这就要求在传统的科技研发项目之外，建立起以研发人员为核心的人才政策体系，这个政策体系支持的对象不是技术，而是人。所谓支持人，就是支持人的开创性思想和思路，突破性概念及其实现，未来性创意及其产品化，包括支持开创性科技人才的生活、工作和探索性研究。

第一节　我国科技人才发展的历史阶段

经过 45 年的改革发展，我国科技人力资源总量和研发人员总量位居全球第一，具有全球最年轻的人才结构和最丰富的科技人力资源红利，从人才青黄不接的国家成为科技人才大国，科技人才发展开始进入战略跃升的历史阶段。

一、中国式现代化与新一轮科技革命相互叠加的机遇

我国正持续推动新型工业化、信息化、城镇化、农业现代化同步发展，到 2035 年将基本实现社会主义现代化，到本世纪中叶将建成社会主义现代化强国。我国已经步入工业化后期，尚未完成工业化的历史任务。

与此同时，新一轮科技革命和产业革命加速兴起，呈现出许多前所未有的新特点。一是新一轮科技革命呈现多点突破、群发性突破的态势。二是科学研究的日益深入和研究技术手段的革新，正在引发科研范式转变。三是新一轮科技革命与产业联系更加密切，技术变革加速转变为现实生产力。四是以"互联网+""智能+"为代表的数字经济蓬勃发展，驱动经济社会加速向数字化转型。

双重趋势叠加为我国科技发展提出更多要求，必须加强培养引领型科技人才，集聚力量进行原创型、引领型科技攻关，实现"从 0 到 1"的突破。

二、科技人才总量和结构具备跃升优势

我国科技人才准备基础较好，人员规模庞大，队伍年轻化，工学培养的科技人力资源占比最多，研发人员数量增长快，领域分布广泛，已具备实现科技人才跃升的科技人力储备条件。

　　从总量上看，我国科技人力资源总量大并保持持续增长。截至 2020 年年底，我国科技人力资源总计达到 1.12 亿人，继续保持世界上最大规模的科技人力资源优势。我国研发人员总量也保持快速增长。2021 年，我国研发人员总量约为 562 万人年，数量达到新高。2020 年为 509.2 万人年，2019 年为 480.1 万人年。2019 年，我国研发人员广泛分布在 38 个工业行业领域。其中，在计算机、通信和其他电子设备制造业领域的研发人员占比最高，为 17.3%。

　　从年龄上看，我国科技人力资源以中青年为主。到 2019 年年底，我国 39 岁及以下的科技人力资源占总量的 73.89%，50 岁以上的科技人力资源仅占 9.94%。预计在未来一段时间内，我国科技人力资源的年龄结构将继续保持年轻化趋势。

　　从结构上看，2018—2019 年，工学培养科技人力资源最多，为 740.4 万人，占比 67.21%；其次是医学 186.5 万人，占比 16.93%；理学 67.0 万人，占比 6.08%。理、工、农、医核心学科培养的科技人力资源数量占比为 79.70%，其中工学占比最高，为 55.24%，在近十年中增长明显。

第二节　我国科技人才跃升的重点领域

　　科技人才战略跃升将首先在具有优势的局部领域发生。我国在基础科学和前沿技术领域已经形成一些优秀研发人才集群，在重大关键技术领域已经出现一批领军人才，在很多细分领域不断涌现大量开创性、高成长性人才，其中很多人才将在建设科技强国和实现第二个百年奋斗目标的过程中，成长为具有世界影响力的战略科技人才。

一、优势领域

从论文角度看，2021年，中国国际论文产出为61.23万篇，位居世界第一位，占世界份额的24.5%。我国在临床医学领域的卓越科技论文数量最多（6.935万篇），在化学、环境科学、电子通信与自动控制、计算技术、生物学、农学、地学领域的卓越科技论文数量均超过了2万篇；我国发表SCI论文较多的领域分别是临床医学（6.7986万篇），其次是化学、生物学、材料科学、物理学、电子通信与自动控制、基础医学、环境科学、计算技术、地学领域。从产业角度看，我国的航天、5G、新能源汽车、光伏太阳能等领域经过多年的创新，积累了很多优秀成果、优秀的科研人员和团队。以新能源汽车为例，中国是全球新能源汽车的主要市场之一，从汽车电池到汽车软件、芯片等诸多领域，我国企业的技术水平处于世界前列，并已形成完备的新能源整车开发体系，基于全新平台的自主纯电动整车综合竞争力国际领先。我国在这些领域中已经具备一定优势，未来在这些领域中将有可能出现科技人才跃升。

二、关键领域

恩格斯曾说："社会一旦有技术上的需要，则这种需要就会比十所大学更能把科学推向前进。"由于我国社会经济发展需求强劲，我国对在国民经济、社会发展的重大领域中出现的关键技术有着强烈需求，如半导体、光刻机、自主研发的操作系统、航空发动机、工业机器人、工业软件、触觉传感器、创新药等领域，我国亟须更多的高水平创新人才参与到科技创新中，提升我国自主创新能力，摆脱对国外技术的依赖，实现研发制造及设备装备的国产化。近年来，我国已在这些领域加强人才布局和研发部署，未来有可能出现人才跃升情况。以半导体领域为例，2021年，国务院将"交叉学科"确定为我国第 14 个学科门类，将"集成电路科学与工程"确定为该门类下的一级学科。此举旨在健全新时代高等教育学科专业体系，为我国集成电路产业的人才跃升创造有利条件，从根本上解决制约我国集成电路产业发展的"卡脖子"的问题。

三、细分领域

我国的学科体系健全，细分领域多，并且都有人员布局，这就具备了在细分领域发生创新、出现科技人才跃升的条件。陶瓷太阳板、钛材料、海洋设备等领域的研发团队具备较高创新水平，未来有可能在他们当中发生科技人才跃升。以电子特气产业为例，我国电子特气产业起步晚，曾经长期依赖国外供应，截至 2020 年国产化率不足 15%；近年来，在国家一系列产业政策支持下，在各企业多年来的技术研发与积累下，我国已在电子特气部分细分领域实现重大突破，如六氟化硫、三氟化氮、四氟化碳、磷烷、砷烷等，电子特气产业开始向好发展，未来将有可能出现人才跃升。

第三节　促进科技人才跃升的政策选择

我国人才发展开始进入战略跃升的历史阶段，也具备了局部跃升的基础。为了促进科技人才跃升发展，造就大批科技战略人才，加快从技术引领向人才引领转变，必须建立以研究人员为核心的人才政策体系。为此我们提出如下建议。

一、完善未来人才早期培育体系

培养战略科技人才必须从青少年抓起，完善早期人才培育体系。我国科技人力资源结构是全世界最年轻化的，39 岁及以下的科技人力资源占 70% 以上，一些重大科技创新项目、工程核心团队的平均年龄也在 45 岁以下。但从青少年开始、经过创新思想种子孕育高峰期的早期培育体系，还有待充实完善。

首先是优化教育结构，培养科学精神和科学家精神。优化教育结构就是优化教材、教师和教学结构。由一流学者、一线教师、学生代表三者结合，共同编写世界一流的教材，培养一代新人。一流教材要由一流的学者来编写，以促进学生理解科学、探索科学，熟练掌握科学方法和工具；一线教师参加可以使教材符合每一代学生的认知特点和时代特点；优秀学生代表参加可以使教材与学生的兴趣、志向吻合。大学、中学、小学教材都应该这样编写，持续迭代优化。抓住我国高等教育进入普及化阶段的关键节点，开设通识教育课程。通识课程围绕科学问题的发现和解决进行总体设计，科技与人文融合、理论与实践结合，注重科学探索的过程和人的潜力开发，突出独立思考能力、逻辑推理能力、观察实验能力和辩论质疑能力的培养。一流学者包括杰出科学家参加教学，每年拿出一定课时为大中小学生授课，甚至为公众做科学普及工作。也可以发挥退休学者的作用，吸纳银发资源参与教学和科普活动。

其次，从创新思想种子孕育高峰期开始持续资助青年人才。目前各类青年计划不少，但大多是对杰出青年人才的支持，对创新思想种子孕育高峰期人才，即针对研究生的体系化资助还不完善，而且由于计划是不同的部门制定的，一些青年人才计划之间或者交叉重复，或者缺乏关联衔接，需要按照战略科技人才发展规律、科学研究规律整合。应把战略人才培养的重心下移到在校研究生和优秀本科生，完善优秀青年人才全链条培养制度，建议设立"未来人才培养计划"。

（一）计划的宗旨和原则

"未来人才计划"目标是在未来 10 年资助 1 万名优秀青年，作为战略科技人才在 2035 年左右发挥作用。特别期待能从这批人才中涌现出百名潜在战略科学家，开创新知识和新领域，攻关"卡脖子"问题，开辟"新赛道"。

计划的原则之一是前置性，面向 20 岁以上的优秀硕博士以及职业生涯早期人员提供支持。

原则之二是接续性，提供启动、蓄力、跃升等不同阶段的资助，实现对青年研究人员的体系化支持。

原则之三是普惠性，计划的支持率不低于 40%，尽可能多地发现人才和培养人才。

（二）计划的主要内容

首先，面向优秀青年人员（以博士生为主，也可向优秀硕士生开放）实施"科研启动计划"，为期 2 年（可根据实际情况灵活延长），为青年学生提供种子资金，广泛支持自由探索和挑战性研究。之后，面向完成启动计划并进入研究单位的青年学者，实施"科研蓄力计划"，为期 3 年，持续资助有创新潜质的青年，凝聚研究方向提高研究水平。之后，面向蓄力计划涌现出来的高成长性人才实施"科研跃升计划"，为期 4 年，提高资助强度，争取获得突破性成果（表 7-1）。

表 7-1 "未来人才计划"资助人数及金额测算

项目名称	资助对象	项目时间 / 年	申请人数	通过率	资助人数	每人年资助金额 / 万元	年资助金额 / 亿元
科研启动计划	以博士生为主	2	4 万	50%	2 万	10	20
科研蓄力计划	完成启动计划者	3	2 万	40%	8000	20	16
科研跃升计划	完成蓄力计划者	4	8000	40%	3200	50	16

我国 2021 年博士生招生 12.6 万人，其中理工科博士约 7.56 万人。若计划于 2023 年启动，50% 的理工科博士生申请（约 4 万人），将 3 个阶段的申请成功率分别设定为 50%、40%、40%，则到 2032 年第一个实施周期后将资助优秀青年科技人才 3200 人，到 2035 年第四个周期后预计约有 1.2 万人作为高端储备人才发挥作用。届时，"科研启动计划"累计资助 12 年，"科研蓄力计划"累计资助 10 年，"科研跃升计划"累计资助 7 年，分别按照每人每年 10 万元、20 万元、50 万元的资助额度，至 2035 年共计需要投入资金 512 亿元。

针对在海外获得硕博士学位的优秀人才（就读院校在其毕业当年进入"泰晤士高等教育世界大学排名""QS 世界大学排名""世界大学学术排名"这 3 个排行榜中任意一个前 80 名），回国全职工作 5 年内，提出申请即可获得"科研蓄力计划"支持，也可直接申请"科研跃升计划"并优先给予资助。针对因某些原因中断研究生涯的博士生，在其毕业 5 年内可以申请"科研蓄力计划"。

其次，建立"未来人才计划"与国家科技计划相衔接的机制，特别是要有效支持研究方向有应用潜力的人才。

二、建立以人为核心的人才资助体系

战略科技人才的思维不同于常规思维，具有特异性和开创性。一般的思考都是按照给定的条件和思维定式往下推，而战略科技人才的思考则不受思维定式和既有经验的束缚。这种超出思维定式、离开经验情境的自由想象，就是日裔美籍科学家金出武雄所说的"像外行一样思考"，从既有的知识框架下脱离出来想问题。这种思维特征要求在培养战略科技人才时以人为核心，资助有开创性思想的人，即资助提出新的科学路线和技术路线的人才。

自科教兴国和人才强国战略实施以来，我国培育了大量科技人才和人才团队，支撑了全面小康社会和创新型国家建设。但不少人才计划的资助方式以项目为核心，先选定需要追赶和攻克的技术项目，然后通过项目的实施培养青年人才和研究生；而以人为对象的资助体系尚未建立起来。通过科技项目培养人才是必要的，而培养战略科技人才更需要以人为对象的资助方式。

以人为对象的资助主要包括科研定制资助、科研举荐人才资助、创新人才自荐资助、非共识人才科研资助、创新人才会聚研究资助等形式。科研定制资助首先通过创新能力评价等方式选出杰出人才，不设项目指南，而由这些杰出人才自行发掘研究主题，经过磋商向政府定制科研项目。这种做法适用于面向未来的"无人区"研究，符合战略科技人才开创性的思维特点，适用于自由探索、原始创新、重大创新，能够开辟新领域、新赛道。

科研举荐人才资助首先确定战略科技人才，然后由战略科技人才在全球范围内提名资助候选人，经过磋商、评审确定研究项目。这种资助方式能够充分发挥现有的战略科学家等战略科技人才的作用，也是发现潜在战略科技人才的办法，适用于重大创新、原始创新。

创新自荐人才资助由创新者自愿报名，自我推荐，参加形式多样的挑战赛，胜者获得资助。挑战赛包括技术征集、方法征集、产品征集、创意征集、建议征集、解决方案征集，以及一切奇思妙想的征集。自荐制也符合战略科技人才开创性思维的特点，由于创新想法是开创性的，如果他自己不讲出来，别人无法知道。自荐制计划项目适用于颠覆性创新、未来技术创新。

非共识人才科研资助首轮采取小同行评议，多数服从少数；然后大同行评议、泛同行评议、特别评议相结合，经过多轮评议确定资助项目。非共识资助符合战略人才思维的特异性，适用于颠覆性创新、未来技术创新项目。

创新人才会聚研究资助以某一学科或领域为基础，会聚多学科、多领域人才，培育各个学科人才协同、知识交融的创新生态。会聚项目符合战略科学家会聚研究的特点，也符合当代科学和技术发展趋势，适用于颠覆性创新、未来技术创新和重大创新。

以人为对象的资助宜采取政府与社会资本合作的模式。政府资金采取基金制，向全社会甚至全世界开放；同时引导企业和金融机构建立专业化的、细分领域的人才基金，鼓励通过社会捐赠建立各类人才基金，使各个领域最具开创性潜质的人才随时随地得到支持。政府基金与社会基金各有所长、各尽其能，既可以联合资助，也可以发挥各自优势独立资助。

具体政策建议见本书第三章。

三、建设人才友好型科研生态

战略科技人才的培养不是计划出来的，也不是选拔出来的，而是由创新友好的生态内生出来的。建设创新友好的人才生态有以下几个重点。

一是建设以科学家为中心的科学共同体。科学共同体是由科学价值观相同的科学家组成的团体。高等学校、科研院所、专业机构等科学共同体建设"要遵循人才成长规律和科研规律，进一步破除'官本位'、行政化的传统思维，不能简单套用行政管理的办法对待科研工作，不能像管行政干部那样管科研人才。要完善人才管理制度，做到人才为本、信任人才、尊重人才、善待人才、包容人才。""加快形成有利于人才成长的培养机制、有利于人尽其才的使用机制、有利于人才各展其能的激励机制、有利于人才脱颖而出的竞争机制，把人才从科研管理的各种形式主义、官僚主义的束缚中解放出来。"重点是打破唯核心期刊论文、唯"帽子"、唯"奖项"、唯行政职务的管理方式和资源分配方式，鼓励科学家自由探索，赋予战略科技人才更大技术路线决定权、更大经费支配权、更大资源调度权，放手让他们把才华和能量充分释放出来，安心做学问、搞创新，彻底扭转学优则仕、以仕代学的风气；也要防止形成学阀、科研老板等阻碍创新的现象，在党的领导下建立以学术为中心的体制和文化。

二是基础研究、公益研究人员实行基本工资占薪酬主体的收入制度。从国际通行的做法来看，基础研究、公益研究岗位人员的基本工资是薪酬的主体，而其他收入则是薪酬的辅助。如果工资仅占薪酬的小部分，大部分收入靠争项目获得，则不利于持续开展基础研究和公益研究，不符合重大创新需要积累 10 ～ 15 年的周期律。要培养战略科技人才，就应使一流研究人员进入创新岗，对创新岗人员薪酬实行基本工资为主体、其他收入为辅助的制度，保证战略科技人才能够潜心研究。

三是积极探索创新型评议机制。科学共同体的基本制度是同行评议。虽然同行评议制度也有缺点，但目前还没有比同行评议更有效的制度。同行评议制度在我国已经实行多年，当前突出的问题是行政化、圈子化与平庸化、走过场等问题并存。要积极地探索国际小同行评议、非共识评议、开创性研究评议等先进评议机制，鼓励各种奇思妙想的自由探索。

四是建设包容的、诚信的、负责的新型科研伦理体系。科研伦理是科研人员之间、科研人员与社会成员之间的价值关系。我们已经进入了新技术革命带来的智能时代，工业时代形成的传统的科研伦理发生了很大的变化，甚至出现颠覆性变化，这对科研伦理建设提出了新要求。重点是建设包容的、诚信的、负责的新型科研伦理体系和创新文化，使科研人员具有坚定的科学信念、强大的科研诚信能力、持续的科研诚信行为。

具体政策建议见本书第二、第四、第六章。

（执笔人：袁 珩、郭铁成、张翼燕）

参考文献

［1］郭铁成. 建立健全战略科技人才发现和培养机制 [J]. 国家治理，2023（18）：34-38.

［2］郭铁成. 中国科技产出分析和科技创新形势研判（2020—2022）[J]. 国家治理，2023（3）：70-75.

［3］郭铁成. 自主培养科技人才必须尊重客观规律 [J]. 中国科技人才，2023（3）：1-7.

［4］郭铁成. 我国科技人才发展开始进入跃升期 [J]. 中国科技人才，2021（5）：4-5.

［5］张翼燕，郭铁成，孙浩林. 基于国际实践的以人为核心的资助模式探究 [J]. 全球科技经济瞭望，2023（3）：46-52.

［6］郭铁成. 为大国跃升培养顶尖创新人才 [J]. 瞭望，2021（8）：62-64.

［7］郭铁成. 新时代战略科学家从何处来 [N]. 光明日报，2022-04-17（7）.

［8］张翼燕. 全球量子人才政策研究 [J]. 全球科技经济瞭望，2022，37（9）：1-7.

［9］袁珩，郭铁成，张翼燕. 科技人才跃升现象研究与政策启示[J]. 全球科技经济瞭望，2023，38（7）：62-68.

［10］孙浩林、张翼燕、刘旭. 面向"无人区创新"的科研项目立项和管理机制研究：基于国内外实践经验的分析 [J]. 世界科技研究与发展，2023，45（4）：436-447.

［11］中华人民共和国科学技术部. 中国科技人才发展报告 [M]. 北京：科学技术文献出版社，2020：2-89.

［12］中国科学技术信息研究所. 中国科技论文统计报告：2022 中国卓越科技论文产出状况报告 [R]. 北京：中国科学技术信息研究所，2022.

［13］中国科学技术信息研究所. 科研人员"名利双收"的政策若干重点问题研究 [R]. 北京：中国科学技术信息研究所，2020.

［14］张义芳，翟立新. 科学家工作室：一种以人为核心的资助与管理模式 [J]. 中国科技论坛，2012（12）：144–148.

［15］张义芳. 公立科研机构科研人员工资制度的国际比较分析 [J]. 全球科技经济瞭望，2016，31（6）：50–56.

［16］张义芳. 基于国际对比的中国科研事业单位科研人员工资制度问题与对策 [J]. 中国科技论坛，2018（7）：150–156.

［17］张义芳，刘润生，曹利红. 美国国家标准与技术研究院宽带绩效薪酬制度改革探析 [J]. 中国科技论坛，2016（8）：154–160.

［18］任洪波. 南非公共研究机构绩效薪酬管理：以南非科学工业研究理事会为例 [J]. 世界科技研究与发展，2015，37（5）：635–641.

［19］刘娅. 英国公共科研体系科研人员聘用、薪酬及收入激励机制研究 [J]. 科技管理研究，2017，37（2）：51–56.

［20］彭伟，乌云其其格. 加拿大首席研究员计划及其启示 [J]. 科技管理研究，2013，33（1）：28–31，63.

［21］王通讯. 人才成长的八大规律 [J]. 社会观察，2006（3）：15–16.

［22］沈登苗. 双重断裂的代价：新中国为何出不了诺贝尔自然科学奖获得者之回答（之二）[J]. 社会科学论坛，2011（7）：64–85.

［23］沈登苗. 双重断裂的代价：新中国为何出不了诺贝尔自然科学奖获得者之回答（之四）[J]. 社会科学论坛，2011（9）：110–122.

［24］陈其荣. 诺贝尔自然科学奖与跨学科研究 [J]. 上海大学学报（社会科学版），2009，16（5）：48–62.

［25］陈其荣. 诺贝尔自然科学奖与科学发现 [J]. 上海大学学报（社会科学版），2019，36（5）：105–122.

［26］陈其荣. 诺贝尔自然科学奖获得者的创造峰值研究 [J]. 河池学院学报，2009，29（3）：1–7.

［27］惠森. 诺贝尔自然科学奖获奖成果中的学科交叉现象研究 [D]. 郑州：郑州大学，2014.

［28］袁祖望. 诺贝尔科学奖获取特点及其启示 [J]. 学位与研究生教育，2004（5）：8–12.

［29］高志，张志强，田人合. 诺贝尔科学奖获奖者的学术影响力与年龄的关系研究 [J]. 科技管理研究，2017，37（10）：121–127.

［30］鲁世林，杨希，李侠．理工科高层次人才的科研峰值年龄及其影响因素分析 [J].
科学与管理，2021，41（5）：1-6.

［31］贺飞，马信，张端鸿．诺贝尔科学奖得主的年龄与科学创造力关系 [J].科技导报，
2015，33（20）：72-75.

［32］徐飞，汪士．杰出科学家行政任职对科研创新的影响：以诺贝尔奖获得者与中
国科学院院士比较为例 [J].科学学研究，2010，28（7）：981-985.

［33］穆荣平，廖原，池康伟．杰出科学家成长规律研究——以诺贝尔科学奖得主和
中国科学院院士为例 [J].科研管理，2022，43（10）：160-171.

［34］路甬祥．规律与启示：从诺贝尔自然科学奖与 20 世纪重大科学成就看科技原始
创新的规律 [J].西安交通大学学报（社会科学版），2000（4）：3-11.

［35］徐飞，卜晓勇．诺贝尔奖获得者与中国科学家群体比较研究 [J].自然辩证法通讯，
2006，28（2）：52-59.

［36］门伟莉，张志强．科研创造峰值年龄变化规律研究综述 [J].科学学研究，2013，
31（11）：1623-1629.

［37］门伟莉，张志强．科研创造峰值年龄变化规律研究：以自然科学领域诺奖得主
为例 [J].科学学研究，2013，31（8）：1152-1159.

［38］王炼．美国会聚研究发展浅析 [J].全球科技经济瞭望，2018，33（9）：23-28.

［39］晋铭铭，罗迅．马斯洛需求层次理论浅析 [J].管理观察，2019（16）：77-79.

［40］李立国，赵阔．跨学科知识生产的类型与经验：以 21 世纪诺贝尔自然科学奖为
例 [J].大学教育科学，2021（5）：14-23.

［41］苏楠．政府如何资助原创前沿科技成果：以日本诺贝尔科学奖得主为例 [J].科
技管理研究，2019，39（18）：18-24.

［42］徐飞，陈仕伟．中国杰出科学家年龄管理策略的新思考：从近十年（2001-2010）
中国科学院新增院士与诺贝尔奖获得者年龄比较的反差谈起 [C].//2012 年全国
科学学理论与学科建设暨科学技术学两委联合年会论文集.2012：1.

［43］赵红州．中国科学和诺贝尔科学奖 [J].科技潮，1997（4）：39-41.

［44］张虹，杨海文．浅析科研创新中的人性管理：基于马斯洛需求层次理论的分析 [J].
科技管理研究，2013（22）：148-151.

［45］国务院发展研究中心"国际经济格局变化和中国战略选择"课题组.未来 15 年
国际经济格局面临十大变化 [J].中国发展观察，2019（1）：38-42.

［46］中共黑龙江省委.一位战略科学家的初心与坚守 [EB/OL]. [2023–10–24].http://
www.qstheory.cn/dukan/qs/2021–12/16/c_1128161400.htm.

［47］是说新语.如何认识新型工业化面临的新形势？ [EB/OL]. [2023–10–16].http：//
www.qstheory.cn/2023–02/24/c_1129393718.htm.

［48］国家统计局等.2021 年全国科技经费投入统计公报 [EB/OL]. [2022–10–16].
https：//www.gov.cn/xinwen/2022–08/31/content_5707547.htm.

［49］人民资讯.1076 万！高校毕业生走入就业季，创历史新高 [EB/OL]. [2022–10–16].
https：//baijiahao.baidu.com/s?id=1728255519967176222&wfr=spider&for=pc.

［50］中国经济网.新能源汽车直面"技术壁垒" [EB/OL]. [2023–05–26]. http：//auto.
china.com.cn/view/qcq/20230526/723193.shtml.

［51］恩格斯.致瓦·博尔吉乌斯（1894 年 1 月 25 日）[EB/OL]. [2022–10–16].https：//
mp.weixin.qq.com/s?__biz=MzU1MzY5NzM4Mw==&mid=2247506163&idx=1&sn=97
ddab53beff5cbb67b1ebf03432f284&chksm=fbec71fbcc9bf8ed3f323b64d6da4a961376
9c5a35186699dc589a207aa6f053466fbf05ed1c&scene=27.

［52］刘亚东.是什么卡住了我们的脖子 [M].北京：中国工人出版社，2019：1–21.

［53］梁丹."交叉学科"成第 14 个学科门类：下设"集成电路科学与工程"和"国
家安全学"两个一级学科 [N].中国教育报，2021–01–14（1）.

［54］开源证券研所.电子特气：气体领域的璀璨明珠，受益标的梳理 [EB/OL].[2023–
05–26].https://m.jrj.com.cn/madapter/stock/2023/05/29103337585479.shtml.

［55］IOANNIDIS J P A. Fund people not projects[J/OL]. Nature，2011（477）：529–
531[2022–09–27].https://www.nature.com/articles/477529a.

［56］AZOULAY P，GRAFF ZIVIN J S，MANSO G. Incentives and creativity: evidence
from the academic life sciences[R]. Massachusetts: National Bureau of Economic
Research，2009.

［57］WANG J，LEE Y，WALSH J P. Funding model and creativity in science: competitive
versus block funding and status contingency effects[J]. Research policy，2018，47（6）:
1070–1083.

［58］陈涛，钱万强，江海燕，等.让科学家在生命医学研究之刃自由舞蹈：霍华德·
休斯医学研究所资助计划浅析 [J].中国基础科学，2013（3）：39–44.

［59］李建花，刘艳彬.日本 EARTO 计划对我国前沿基础研究的启示 [J].全球科技经

济瞭望，2018（6）：45-50.

［60］姜春林，张立伟，刘学.牛顿抑或奥尔特加？——一项来自高被引文献和获奖者视角的实证研究 [J].自然辩证法研究，2014，30（11）：79-85.

［61］Howard Hughes Medical Institute.Competition to select new HHMI investigators[EB/OL]. [2022-04-27].https: //www.hhmi.org/sites/default/files/programs/investigator/investigator2021-program-announcement-200714.pdf.

［62］牛萍，曹凯.基础研究领域的项目资助模式与人才资助模式效果比较研究的初步探讨：以美国休斯研究员计划和国立卫生研究院 R01 项目为例 [J].中国科学基金，2013（3）：154-157.

［63］CHAWLA D S. Swiss funder draws lots to make grant decisions[EB/OL].[2022-09-27]. https: //www.nature.com/articles/d41586-021-01232-3.

［64］Health Research Council of New Zealand. 2022 Explorer Grant application guidelines[EB/OL].[2022-04-27].https: //gateway.hrc.govt.nz/funding/downloads/2022_Explorer_Grant_Application_Guidelines.pdf.

［65］林墨.科研项目申请的评审改为摇号？真有国家这么干 [EB/OL].（2020-03-09）[2022-04-27].https: //mp.weixin.qq.com/s?__biz=MzIwNDUxMTI5Nw==&mid=2247485366&idx=1&sn=d7e77f176a5b2bd92bce73bb35369c92&chksm=973e4698a049cf8ef8e533db9da38fbb9758584344b7858b0d59dc451ca86151877b719afaa8&scene=21#wechat_redirect.

［66］LIU M Y, CHOY V, CLARKE P, et al. The acceptability of using a lottery to allocate research funding: a survey of applicants[J/OL]. Research integrity and peer review，2020（5）：3-9[2022-04-27]. https: //doi.org/10.1186/s41073-019-0089-z.

［67］吴家睿."精英中心化"科研范式的特征及其面临的挑战 [J].科学通报，2021，66（27）：3509-3514.

［68］CESAR A，SAFIA Z，ISAIAH R，et al. A diverse view of science to catalysechange[J]. Nature Chemistry，2020，142（34）：14393-14396.

［69］内閣官房.新しい資本主義のグランドデザイン及び実行計画~人・技術・スタートアップへの投資の実現~ [EB/OL].（2022-06-07）[2022-08-22].https: //www.cas.go.jp/jp/seisaku/atarashii_sihonsyugi/pdf/ap2022.pdf.

［70］VAESEN K，KATZAV J. How much would each researcher receive if competitive government research funding were distributed equally among researchers? [J/OL].PLOS ONE，2017，12（9）：e0183967. [2022–04–27].https: //doi.org/10.1371/journal. pone.0183967.

［71］周盛 . 博士生原始创新能力亟待加强 [J]. 中国人才，2012（12）：40.

［72］Alexander von Humboldt Stiftung. Programme A bis Z[EB/OL]. [2022–10–31].https: // www.humboldt–foundation.de/bewerben/foerderprogramme/programme–a–bis–z.

［73］Alexander von Humboldt Stiftung. Programminformation – Henriette Herz–Scouting– Programm[EB/OL]. [2022–10–31]. https: //www.humboldt–foundation.de/fileadmin/ Bewerben/Programme/Henriette–Herz–Scouting–Programm/henriette–herz–scouting_ programminformation.pdf.

［74］DFG. Das Walter Benjamin–Programm[EB/OL]. [2022–10–31]. https: //www.dfg.de/ download/pdf/foerderung/programme/walter_benjamin/walter_benjamin_programm.pdf.

［75］DFG. Alle Förderprogramme auf einen Blick[EB/OL]. [2022–10–31]. https: //www.dfg. de/foerderung/programme/index.html.

［76］DFG. Modul Eigene Stelle[EB/OL]. [2022–10–31]. https: //www.dfg.de/ formulare/52_02/52_02_de.pdf.

［77］樊春良，李东阳，樊天 . 美国国家科学基金会对融合研究的资助及启示 [J]. 中 国科学院院刊，2020，35（1）：19–26.

［78］NSF. Convergence accelerator[EB/OL]. [2022–10–31]. https: //beta.nsf.gov/funding/ initiatives/convergence–accelerator.

［79］DFG. Merkblatt Programm Sachbeihilfe[EB/OL]. [2022–10–31]. https: //www.dfg.de/ formulare/50_01/50_01_de.pdf.

［80］DFG. Personalmittelsätze der DFG für das Jahr 2022[EB/OL]. [2022–10–31].https: // www.dfg.de/formulare/60_12/v/60_12_–2022–_de.pdf.

［81］刘宝林，荆象新，锁兴文，等 . DARPA 持续推动科技创新的挑战赛模式分析 [J]. 科技导报，2018，36（4）：37–43.

［82］徐宏良 . 美国 DARPA 频谱协作挑战赛概览与启示 [J]. 上海信息化，2019（12）：78–81.

［83］SPRIN–D. Ihre Challenge: new computing concepts[EB/OL].[2022–10–31].https: // www.sprind.org/de/challenges/newcomputing.

［84］彭川宇，顾晨曦．人才争夺何以影响城市高新技术产业的发展？——基于 273 个城市的准自然实验 [J]. 科技管理研究，2023（5）：54–64.

［85］谢童伟，余文韬，吴燕．高层次人才聚集对高新技术产业专业化区域差距的影响：以长三角地区为例 [J]. 科技与经济，2019（2）：86–90.

［86］花方．数字经济产业人才队伍建设初探 [J]. 经济研究导刊，2023（4）：110–112.

［87］李自然．高层次创新创业人才的引进和培养研究：以南宁高新技术产业园区为例 [J]. 企业科技与发展，2019（7）：7–8.

［88］US: Office of Science and Technology Policy.America will dominate the industries of the future[R/OL].（2019–02–07）[2023–05–22].https: //trumpwhitehouse.archives.gov/briefings–statements/america–will–dominate–industries–future/?utm_source=link.

［89］European Commission. Advanced technologies for industry – international reports report on China: technological capacities and key policy measures[EB/OL].（2021–07–04）[2021–09–28]. https: //ati.ec.europa.eu/reports/international–reports/advanced–technology–landscape–and–related–policies–china.

［90］UK: Department for Business，Energy & Industrial Strategy.UK Innovation Strategy: leading the future by creating it[R/OL].（2021–07–22）[2023–05–22].https: //assets. publishing.service.gov.uk/government/uploads/system/uploads/attachment_data/file/1009577/uk–innovation–strategy.pdf.

［91］Ministère De L'enseignement Supérieur Et De La Recherche. Lancement du 4e programme d' investissements d' avenir en janvier 2021: 20 Md€ dans la recherche et l' innovation en faveur des générations futures [EB/OL].（2021–05–28）[2021–02–03]. https: //www.enseignementsup–recherche.gouv.fr/cid156296/4e–programme–d–investissements–d–avenir–20–md%C2%80–dans–la–recherche–et–l–innovation–en–faveur–des–generations–futures.html.

［92］周波，冷伏海，李宏，等．世界主要国家未来产业发展部署与启示 [J]. 中国科学院院刊，2021（11）：1337–1347.

［93］GOVUK: Department for Science，Innovation and Technology. UK Science and Technology Framework[R/OL].（2023–03–06）[2023–05–19].https: //assets. publishing.service.gov.uk/government/uploads/system/uploads/attachment_data/

战略科技人才发展规律
和最佳政策实践

file/1140217/uk−science−technology−framework.pdf

［94］Bundesministeriumfür Bildung und Forschung. Zukunftsstrategie Forschung und Innovation[R/OL].（2023−02−08）[2023−05−23]. https://www.bmbf.de/SharedDocs/ Publikationen/de/bmbf/1/730650_Zukunftsstrategie_Forschung_und_Innovation. pdf?__blob=publicationFile&v=4.

［95］方晓 . 美国五年内面临 5 万半导体人才缺口，大学与企业合作加紧培养 [N/OL]. （2023−05−16）[2023−05−17]. 澎 湃 新 闻，https: //www.thepaper.cn/newsDetail_ forward_23100716.

［96］산업부 . 반도체 초강대국전략[EB/OL].（2022−07−21）[2023−05−16].https: // eiec.kdi.re.kr/policy/materialView.do?num=228274.

［97］Ministère De L'enseignement Supérieur Et De La Recherche. Les Campus des métiers et des qualifications [EB/OL].（2023−02−01）[2023−04−25]. https: //www.education. gouv.fr/les−campus−des−metiers−et−des−qualifications−5075.

［98］Ministère De L'enseignement Supérieur Et De La Recherche. Campus des métiers et des qualifications: les bonnes pratiques observées sur le territoire [EB/OL].（2021− 04−01）[2023−04−25]. https: //www.education.gouv.fr/campus−des−metiers−et−des− qualifications−les−bonnes−pratiques−observees−sur−le−territoire−6641.

［99］UNIVERSITÀ DEGLI STUDI DI PADOVA. Dottorati DM 117/2023 cofinanziati dalle imprese[EB/OL].（2022−11−09）[2023−05−17].https: //www.unipd.it/dottorati− dm−117.

［100］AGENCIA ESTATAL DE INVESTIGACIÓN. La Agencia Estatal de Investigación: Ayudas Para Contratos Para La Formación de Doctores En Empresas（Doctorados Industriales）2021[EB/OL].（2022−10−11）[2023−05−17]. http://www.aei.gob.es/ sites/default/files/convocatory_info/2022−10/DIN2021_RC_CompletaDef_FDA.pdf.

［101］24 ORE. Sant' Anna Pisa accoglie 124 nuovi dottorandi [N/OL]. 2022−11−09 [2023− 05−17].https: //www.ilsole24ore.com/art/sant−anna−pisa−accoglie−124−nuovi− dottorandi−AEjpEKFC.

［102］Ministère De L'enseignement Supérieur Et De La Recherche. 140 lauréats du Concours d'innovation et 2 nouveaux appels à projets pour accompagner la création et la croissance de start−up et PME innovantes[EB/OL].（2020−11−25）[2023−05−

17]. http://www.enseignementsup-recherche.gouv.fr/cid143610/140-laureats-du-concours-d-innovation-et-2-nouveaux-appels-a-projets-pour-accompagner-les-start-up-et-pme-innovantes.html.

［103］과학기술정보통신부. 2020 인공지능 반도체 설계 경진대회 [EB/OL]. （2020-11-17）[2023-05-16].https: //linkareer.com/activity/51980.

［104］한주현. 재기지원 활성화 방안 [EB/OL]. （2015-10-14）[2023-05-16].https: //mss.go.kr/site/smba/ex/bbs/View.do?cbIdx=86&bcIdx=52883.

［105］UK: Department for Digital, Culture, Media & Sport.UK Digital Strategy[R/OL]. （2022-06-13）[2023-05-22].https: //www.gov.uk/government/publications/uks-digital-strategy/uk-digital-strategy.

［106］AU: Department of home Affairs.Global talent program[R/OL]. （2019-11-04）[2023-05-22].https: //immi.homeaffairs.gov.au/visas/working-in-australia/visas-for-innovation/global-talent-independent-program.

［107］NSF. Merit Review [EB/OL]. [2023-05-22]. https: //www.nsf.gov/bfa/dias/policy/merit_review.

［108］The University of Arizona. Proposal review at NSF[EB/OL]. [2023-05-22]. https: //research.arizona.edu/development/proposal-development/funder-review/proposal-review-nsf#: ~: text=Peer Review NSF uses multiple peer review processes, depend on the program and/or the Program Officer.

［109］National Institutes of Health.Grants and funding, peer review[EB/OL]. [2023-05-22]. https: //grants.nih.gov/grants/peer-review.htm.

［110］NIH.Appeals of NIH Initial Peer Review[EB/OL]. [2023-05-22]. https: //grants.nih.gov/grants/guide/notice-files/NOT-OD-11-064.html.

［111］UKRI.Peer review-critical to our success[EB/OL]. [2023-05-22]. https: //www.ukri.org/blog/peer-review-critical-to-our-success.

［112］NSF. EArly-concept grants for exploratory research （EAGER） proposal[EB/OL]. [2022-10-31]. https: //www.nsf.gov/pubs/policydocs/pappg22_1/pappg_2.jsp#IIE3.

［113］National Science Foundation. Proposal & awardpolicies & procedures guide, PAPPG[R]. [S.1.]: National Science Foundation, 2021.

［114］National Institutes of Health. High-risk, high-reward research （HRHR） [EB/OL].

[2022–10–31]. https: //commonfund.nih.gov/highrisk.

[115] National Institutes of Health. NIH director's new innovator award[EB/OL]. [2022–10–31]. https: //commonfund.nih.gov/newinnovatorawards/after–submission.

[116] National Institutes of Health. NIH Director's transformatire research award [EB/OL]. [2022–10–31]. https: //commonfund.nih.gov/transformativeawards/after–submission.

[117] 王甲旬，李祖超 . 美国 K–12 STEM 教育及启示 [J]. 外国中小学教育，2017（1）：63–69.

[118] 谢嘉钰 . 美国马里兰州 K–12 阶段《STEM 教育实践标准》研究 [D]. 长沙：湖南师范大学，2020.

[119] 马红芹 . 美国 K–12 阶段"科学、技术、工程和数学"（STEM）教育研究 [D]. 南京：南京师范大学，2015.

[120] 宋怡，崔雨涵，马宏佳 . 美国 K–12 整合性 STEM 教育框架：理念、课程路径与支持系统 [J]. 当代教育论坛，2020（2）：65–75.

[121] 杨亚平 . 美国、德国与日本中小学 STEM 教育比较研究 [J]. 外国中小学教育，2015（8）：23–30.

[122] 袁磊，金群 . 在 STEM 教育中走向未来：德国 STEM 教育政策及启示 [J]. 电化教育研究，2020，41（12）：122–128.

[123] 刘春岳 . "加拿大 2067"计划：聚焦 STEM 学习国家愿景 [J]. 太原城市职业技术学院学报，2021（4）：1–5.

[124] 张艳萍，吴映梅，赵乔 . 加拿大 BC 省 STEM 教育的运行机制 [J]. 课程教学研究，2020（11）：59–65.

[125] 袁智强，MILNER M，ANDERSON D. 加拿大高校培养 STEM 教师的经验与启示：以英属哥伦比亚大学为例 [J]. 数学教育学报，2021，30（3）：96–102.

[126] 吴慧平，陈怡 . 英国 STEM 教师培养的现实困境与应对策略 [J]. 外国中小学教育，2019（2）：42–50.

[127] 巫文强 . 英国中小学 STEM 教育政策与实践研究 [D]. 杭州：浙江大学，2018.

[128] 马鹏云，贾利帅 . 推进 STEM 教育：学校如何改变？——STEM 教育发展报告《澳大利亚学校中 STEM 学习的挑战》解析 [J]. 现代教育技术，2021，31（2）：26–32.

[129] 杨盼，韩芳 . 芬兰 STEM 教育的框架及趋势 [J]. 电化教育研究，2019，40（9）：

106–112.

［130］李伯黍，燕国材 . 教育心理学 [M]. 2 版 . 上海：华东师范大学出版社，2001：242.

［131］靳露 . 基于扎根理论的日本诺贝尔科学奖获得者核心素养分析 [J]. 煤炭高等教育，2019，37（4）：31–37.

［132］段志光，卢祖洵 . 诺贝尔奖获得者医学创新的原动力探析 [J]. 医学与哲学，2005，26（1）：16–19.

［133］NIST. 2022 Alternative personnel management system[EB/OL].[2023–3–10].https: // www.nist.gov/system/files/documents/2022/02/18/hnt–updtd–2022.pdf.

［134］OECD. Performance –related pay for government employees: an overview of OECD Countries[R].Paris，2005.

［135］熊通成 . 美国公务员工资水平调整机制及其对我国的启示 [J]. 人事天地，2011（7）：30–33.

［136］谷志远 . 美国博士生资助：特点、趋势及启示：基于不同类型博士生的分析 [J]. 学位与研究生教育，2012（1）：65–69.

［137］陈超 . 美国高校研究生学费及资助政策新探 [J]. 中国高教研究，2005（8）：34–38.

［138］李晔梦 . 以色列的首席科学家制度探析 [J]. 学海，2017（5）：170–173.

［139］任晓亚，张志强 . 基于国际权威科学奖励的科学发现规律研究述评 [J]. 情报学报，2022，41（2）：202–216.

［140］黄灿宏，王炎坤 . 国外政府科技奖励的基本情况及特点 [J]. 科学学研究，1999（1）：104–107.

［141］郑心舟 . 日本促进老龄科技人员就业措施及启示 [J]. 全球科技经济瞭望，2022，37（8）：62–65，76.

［142］林家彬 . 公共部门科研人员收入问题：理想目标与当前对策 [J]. 中国发展观察，2017（2）：23–27.

［143］中国国际科技交流中心 . 发挥退休科技人才作用，支持高层次海外人才来华服务 [R]. 北京：中国科协创新战略研究院，2023.